那比电厂标准化系列丛书

那比水力发电厂
运行管理培训教材

主编◎韩永刚　黄奇俩

河海大学出版社
HOHAI UNIVERSITY PRESS
·南京·

图书在版编目(ＣＩＰ)数据

那比水力发电厂运行管理培训教材 / 韩永刚,黄奇俪主编. -- 南京:河海大学出版社,2023.12
(那比电厂标准化系列丛书)
ISBN 978-7-5630-8827-0

Ⅰ. ①那… Ⅱ. ①韩… ②黄… Ⅲ. ①水力发电站-电力系统运行-技术培训-教材 Ⅳ. ①TV737

中国国家版本馆 CIP 数据核字(2024)第 028875 号

书　　名	那比水力发电厂运行管理培训教材	
书　　号	ISBN 978-7-5630-8827-0	
责任编辑	龚　俊	
特约编辑	梁顺弟　许金凤	
特约校对	丁寿萍　卞月眉	
封面设计	徐娟娟	
出版发行	河海大学出版社	
地　　址	南京市西康路1号(邮编:210098)	
电　　话	(025)83737852(总编室)　(025)83722833(营销部)(025)83787600(编辑室)	
经　　销	江苏省新华发行集团有限公司	
排　　版	南京布克文化发展有限公司	
印　　刷	广东虎彩云印刷有限公司	
开　　本	718毫米×1000毫米　1/16	
印　　张	15.5	
字　　数	272千字	
版　　次	2023年12月第1版	
印　　次	2023年12月第1次印刷	
定　　价	80.00元	

丛书编委会

前言 ●

　　水力发电作为可再生能源的重要组成部分,具有技术成熟、环境友好和可持续发展等优势,在能源供应的可靠性和可持续性方面发挥着重要作用。近年来,我国水电行业发展迅速,装机规模和自动化、信息化水平显著提升,稳居全球装机规模首位。提升水电站工程管理水平,构建更加科学、规范、先进、高效的现代化管理体系,达到高质量发展,是当前水电站管理工作的重中之重。

　　那比水电站是《珠江流域西江水系郁江综合利用规划报告》中的郁江十大梯级电站之一,电站装机容量 48 MW,多年平均发电量 1.97 亿 kW·h,工程概算总投资约 5 亿元,投运以来对缓解百色市电网供需不平衡的矛盾发挥重要作用。

　　为确保电站能安全、可靠、经济、高效地运行,必须加强一线运行人员技术培训,不断提升业务水平和操作技能。本书结合百色那比水电厂生产实际情况,在运行实践的基础上,对生产的技术经验进行总结整理,包括概述、发电机、水轮机、调速器系统、励磁系统、计算机监控系统、保护系统、主变压器、电气一次设备、公共辅助系统、直流系统以及起重机械系统共 12 章。本书也可作为同类型水电厂运行管理培训教材或知识手册使用。

　　由于时间较紧,加上编者经验不足、水平有限,不妥之处在所难免,希望广大读者批评指正。

编者

2023 年 9 月

目录 •

第1章 ●

概述

1.1 工程概况

那比水电站是一座以发电为主的水电站工程,坝址位于广西壮族自治区田林县境内驮娘江与西洋江汇合口上游 16.3 km 处的西洋江上,距田林县城88 km,距百色市160 km。那比水电站装机容量48 MW(3×16 MW)。电站主体工程于 2009 年 11 月 1 日开工建设,2011 年 3 月♯1 机组投产发电,同年5 月♯2 机组投产发电,6 月♯3 机组投产发电,2016 年 9 月完成工程竣工验收。公司始终坚持"安全第一、预防为主、综合治理"的安全生产工作方针,牢固树立安全发展理念,严格按照企业安全生产责任体系"五落实五到位"规定,建立健全安全生产责任制,全面落实安全生产主体责任。

1.2 水力发电的基本原理、特点和意义

水力发电是开发河川或海洋的水能资源,转换水能为电能的工程技术。采取集中水头和调节径流等措施,把天然水流中蕴有的位能和动能转换为机械能,再通过发电机转换为电能,最后经输变电设施将电能送入电力系统或直接供给用户。水力发电有多种形式:利用河川径流水能发电的为常规电站;利用海洋潮汐发电的为潮汐电站;利用波浪发电的为波浪电站;利用电力系统低谷负荷时的剩余电力抽水蓄能,高峰负荷时放水发电的为抽水蓄能电站。

1.2.1　基本原理

水体由上游高水位,经过水轮机流向下游低水位,以其重力做功,推动水轮发电机组发电,将水流的势能转换成电能。机组单位时间输出的电能,即机组功率,与上下游水位差(称为水头)和单位时间流过水轮机的水体体积(称为流量)成正比,可以用下式进行计算:

$$P = 9.81\eta QH \qquad (1-1)$$

式中:P——机组功率(kW);

η——引水系统、水轮发电机组的总效率($\eta < 1$);

Q——通过水轮机的流量(m^3/s);

H——水头(m)。

1.2.2　特点和意义

水力发电有以下特点及意义:

(1) 水能是可再生资源。地球表面以海洋为主体的水体,在太阳能的作用下,蒸发成水汽升到空中,在风力推动下,部分水汽被吹向大陆,在适当条件下凝结成水滴下降,经地面汇集补给河川径流,汇入海洋或内陆湖泊。这是一个以太阳能为动力的水文循环,周而复始,永不停息。河川径流是这一循环中的一个环节,因而水能资源不断再生。潮汐能是由月球和太阳的引力作用产生的,波浪能是由风力作用产生的,也都不断再生。利用这些可再生的水能发电,可节省火电和核电消耗的煤、石油和铀等不可再生的宝贵矿物资源。

(2) 水力发电是清洁的电力生产,不排放有害气体、烟尘和灰渣,没有核废料。

(3) 水力发电的效益高。常规水电站水能的利用效率在80%以上,而火力发电厂的热效率只有30%～50%。

(4) 水力发电与火力发电等不同,可同时完成一次能源开发和二次能源转换。

(5) 水力发电的生产成本低廉,无需购买、运输和储存燃料;所需运行人员较少,劳动生产率较高;管理和运行简便,运行可靠性较高。

(6) 水轮发电机组启停灵活,输出功率增减快,可变幅度大,是电力系统理想的调峰、调频和事故备用电源。

（7）受河川天然径流丰枯变化的影响，无水库调节或水库调节能力较差的水电站，其可发电力在年内和年际间变化较大，与用户用电需要不相适应。因此，一般水电站需建设水库调节径流，以适应电力系统负荷的需要。现代电力系统，一般采用水、火、核电站联合供电方式，既可弥补水力发电天然径流丰枯不均的缺点，又能充分利用丰水期水电电量，节省火电厂消耗的燃料。潮汐能和波浪能也随时间变化，也宜与其他类型电站配合供电。

（8）水电站的水库可以综合利用，承担防洪、灌溉、航运、城乡生活和工矿生产供水、养殖、旅游等任务。如安排得当，可以做到一库多用、一水多用，获得最优的综合经济效益和社会效益。

（9）建有较大水库的水电站，有的水库淹没损失较大，移民较多，并改变了人们的生产生活条件。水库淹没影响野生动植物的生存环境。水库调节径流，改变了原有水文情况，对生态环境有一定影响。这些问题需妥善处理。

（10）水能资源在地理上分布不均，建坝条件较好和水库淹没损失较少的大型水电站站址往往位于远离用电中心的偏僻地区，施工条件较困难，需要建设较长的输电线路，增加了造价和输电损失。

第 2 章 ●
发电机

2.1 发电机的定义

发电机是水电厂的主要动力设备之一,它是由水轮机带动,将机械能转换成电能的一种装置,它发出的电能通过电力变压器升压输入电网,这就是水轮发电机的基本原理。

百色那比水力发电厂发电机为立轴悬垂结构,采用双路径向密闭自循环空气冷却系统,是三相凸极式同步发电机。

发电机包括:定子、转子、上机架(荷重机架)、下机架、上导轴承、推力轴承、下导轴承、空气冷却器、制动系统、水喷雾灭火装置、照明系统、盖板、埋入基础、管路、电缆等辅助设备,以及定子机座、上机架、下机架用的基础板、基础螺栓等预埋件。

2.2 发电机的基本技术参数

反映发电机工作过程中基本特性的参数,称为发电机的基本工作参数,其主要有:发电机的视在功率 S、有功功率 P、功率因数 $\cos\varphi$、转速 n、发电机效率 η、飞轮转矩 GD^2、发电机同步电抗 X_d、短路比、定子电压 U、定子电流 I、励磁(转子)流 I_f 等。

2.2.1 定子电压和电流

定子电压 U 是指发电机出口母线的线电压,定子电流 I 是指发电机输出的三相的相电流。同步发电机正常运行时,其定子电压一般维持在额定电压 U 附近,定子电流不超过额定值。所谓额定电压是指在正常运行时,按照制造厂的规定,定子三相绕组上的线电压,单位为 V 或 kV;而额定定子电流是指在正常运行时,按照制造厂的规定,流过定子绕组上的线电流(相电流),单位用 A 或 kA 表示。

2.2.2　发电机的视在功率和功率因数

同步发电机的容量一般用视在功率 S 表示。三相同步发电机的视在功率为

$$S = \sqrt{3}UI \tag{2-1}$$

当发电机定子电流为 I_N、定子电压为 U_N 时,发电机视在功率为发电机的额定容量

$$S_N = \sqrt{3}U_N I_N \tag{2-2}$$

发电机输出的有功功率 P 为

$$P = S\cos\varphi \tag{2-3}$$

式中,$\cos\varphi$ 为发电机的功率因数,其大小反映了发电机有功功率占视在功率的比例。对应的 φ 称为功率因数角,是定子电压与定子电流之间的相位关系。当 $\varphi=0°$时,定子电流与定子电压同相,这时发电机发出的全是有功功率;当 $\varphi>0°$时,即定子电流领先于定子电压,发电机在发出有功功率的同时,发出感性无功功率 Q;当 $\varphi<0°$时,即定子电流滞后于定子电压,发电机在发出有功功率的同时,发出容性无功功率,即吸收系统的感性无功功率 Q。无功功率 Q 为

$$Q = S\sin\varphi \tag{2-4}$$

在电力系统中,除阻性负荷外,还存在一部分感性负荷,如电动机。而电容性负荷则会产生一部分无功功率。为了保证无功功率的平衡和系统电压的稳定,同步发电机在正常运行时除发出一定的有功功率外,还要发出或吸收一部分无功功率。

当发电机定子电流为 I_N、定子电压为 U_N,且为额定功率因数时,对应的发电机有功功率称为发电机的额定有功功率 P_N,对应的无功功率称为发电机的额定无功功率 Q_N。

2.2.3　发电机效率

由于发电机内部存在铁损和铜损及旋转摩擦损失,水轮机输入给发电机的机械功率不可能全部转换为电能,发电机输出有功功率与输入到水轮机轴功率的比值称为发电机的效率。

水轮发电机组的效率为

$$\eta = \eta_t \eta_G \tag{2-5}$$

式中：η_t——水轮机效率；

　　　η_G——发电机效率。

2.2.4　转速

转速是指发电机运行时,其转子在单位时间内的旋转转数,单位为 r/min。在正常运行时,发电机的转速总是在额定值附近运行。对同步发电机,转子转速是与定子旋转磁场保持同步的。定子旋转磁场和发电机发出的交流电的频率之间的关系为

$$n = \frac{60 f}{p} \tag{2-6}$$

式中：f——交流电的频率,在我国为 50 Hz；

　　　p——发电机转子的磁极对数。

从式(2-6)可知,发电机的额定转速总是与 50 Hz 有严格的对应关系,当发电机转子的磁极越少,其额定转速越高；反之,当发电机转子的磁极越多,则额定转速越低。当水轮机与发电机同轴时,发电机转速与水轮机转速相同,称为机组转速。

2.2.5　飞轮转矩和机组惯性时间常数

飞轮转矩 GD^2 和机组惯性时间常数 T_a 是影响电力系统暂态过程和动态稳定的重要参数,它直接影响发电机在甩负荷时转速上升率和系统负荷突变时发电机的运行稳定性。T_a 越小,机组甩负荷时的转速上升率越大；T_a 越大,越有利调节过程的稳定。对于小型水轮发电机组,若 T_a 太小,机组的稳定性可能变差,这时可在轴端增加一个飞轮以增加 GD^2。

2.2.6　发电机电抗

发电机的主要电抗有以下几个部分。

（1）纵轴同步电抗 X_d：取决于电枢反应磁通和漏磁通，通常为 0.7～1.6。

（2）纵轴暂态电抗 X'_d：取决于转子和定子的漏磁通，空冷发电机一般为 0.24～0.38。

（3）纵轴次暂态电抗 X''_d：取决于转子和定子的漏磁通及阻尼绕组的漏磁通。

电抗的增加有利于减少系统的短路电流，但会降低静稳定极限功率，同时使暂态过程中的电磁转矩降低，降低暂态稳定性。

2.2.7　短路比

短路比为发电机在空负荷额定电压时磁动势与三相稳定短路电流时磁动势之比。短路比的大小直接关系同步发电机的造价和运行稳定性。一般同步发电机的短路比为 0.9～1.3，标准值为 1.1。

2.2.8　励磁电压和励磁电流

同步发电机在正常运行时，必须在发电机的转子绕组通入直流电流，以建立磁场。发电机在运行过程中，加在转子绕组两端的电压称为励磁电压，而通过转子绕组的电流称为励磁电流。

当发电机与系统解列，机端定子电压为额定电压时，对应的转子电压称为空载励磁电压，相应的转子电流称为空载励磁电流。

当发电机带负荷输出为额定视在功率，功率因数为额定值时，对应的转子电压称为额定励磁电压 U_{fN}，相应的转子电流称为额定励磁电流 I_{fN}。

水轮发电机组的上述工作参数与水轮发电机组的运行状态紧密相关，水轮发电机组可按铭牌数据长期连续运行。

2.2.9　百色那比水力发电厂发电机参数

发电机参数如表 2-1 所示。

表 2-1　发电机参数表

参　数	具体信息	参　数	具体信息
型　号	SF-J16-24/4350	相数	3
型　式	立轴悬垂	额定频率	16.15 MW
额定容量	19 MVA	额定电流	1 045 A
额定电压	10.5 kV	额定功率因数	0.85（滞后）

续表

参 数	具体信息	参 数	具体信息
额定频率	50 Hz	中心点接地方式	经避雷器接地
旋转方向	俯视顺时针	飞逸转速	485 r/min
额定转速	250 r/min	额定励磁电流	445 A
额定励磁电压	188 V	空载励磁电流	241.5 A
空载励磁电压	66 V	定子绕组接线方式	Y
定子线圈槽数	234	励磁方式	自并励
转动惯量	550 t·m^2	转子绝缘等级	F
定子绝缘等级	F	集电环个数	1
转子磁极数	24	碳 刷	18
上机架本体	13 t	转子总重量	71.5 t
定子总重量	42 t	下机架本体	4 t
机端电压允许变化范围	10.5×(1±5%) kV	生产厂家	杭州力源发电设备有限公司

2.3 发电机结构及原理

2.3.1 发电机工作原理、作用及分类

（1）发电机的工作原理是原动机（水轮机）通过主轴带动发电机转子跟着转动，在发电机转子线圈中通入直流电流，转子磁极就会产生旋转磁场，磁力线在旋转过程中被定子线圈切割，根据电磁感应原理，定子线圈中就会产生电压，当定子线圈接入负载后，定子线圈就会产生电流。

（2）发电机的作用是提供电能（将其他形式的能转化为电能，例如：水能、风能、太阳能、核能等）。

（3）发电机主要有三种分类标准，从原理上可以分为同步发电机、异步发电机；从产生方式上分为汽轮发电机、水轮发电机、柴油发电机、汽油发电机等；从能源利用上分为火力发电机、水力发电机、核动力发电机、风力发电机、太阳能发电机等。

2.3.2 水轮发电机结构

水轮发电机是水电厂的主要动力设备之一，它是由水轮机带动，将机械

能转换为电能的一种装置。主要由定子、转子、电刷、机座及轴承等部件构成，具体结构如图 2-1。其中定子由机座、定子铁芯、绕组以及固定这些部分的其他结构件组成；转子由转子磁轭、转子磁极（有磁轭、磁极绕组）、滑环（又称铜环、集电环）及转轴等部件组成。

1—顶罩；2—滑环；3—上机架盖板；4—上机架；5—冷却器；6—定子；7—转子；8—下机架；9—主轴

图 2-1　水轮发电机结构图

1. 定子

定子是发电机产生电磁感应，进行机械能和电能转换的主要部件。定子主要由机座、铁芯、绕组、端箍、铜环引线、基础板及基础螺杆等部件组成。定子的具体结构如图 2-2 所示。

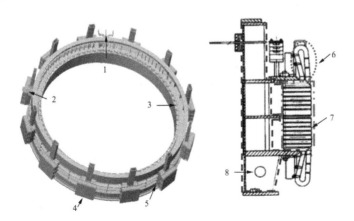

1—出口母线；2—中性点串联变出口；3—定子绕组；4—空冷器；5—空冷器支架；6—线圈；7—铁芯；8—机座

图 2-2　水轮发电机定子结构图

定子机座为整圆分二瓣并在工地组焊的结构,机座外径 5 200 mm,机座高 1 765 mm。定子总重约 42 t。机座上设有吊柱,供定子制造及安装时起吊、翻身之用。定子机座安装铁芯段采用 3 个环板与盒形筋相焊接的结构,有利于发电机通风,并具有良好的强度和刚度,足以支撑上机架,并将定、转子间的作用力传递到机座上再传递到基础上。定子铁芯长度为 960 mm,内径为 3 886 mm,槽数为 234 槽。

2. 转子

转子是水轮发电机的旋转部件,主要由磁极、磁轭、主轴、转子支架等组成,如图 2-3 所示。电厂转子外径为 3 862 mm,磁轭对边尺寸为 3 361 mm,主轴长 5 385 mm。转子总重约 71.5 t,转子的结构和所选用的材料能保证发电机在各种工况下正常运行及飞逸转速时不产生有害变形。

图 2-3　水轮发电机转子结构图

3. 磁轭

磁轭是发电机磁路的组成部分,并形成飞轮力矩,通过它固定磁极。磁轭在组装过程中形成径向通风沟和通风间隙,冲片上下端设上下压板,下压板下面设置有便于拆卸的制动环。

转子磁轭属于叠片磁轭,其主要由扇形磁轭冲片、通风槽片、拉紧螺杆、定位销、磁轭上下压板、卡键以及磁轭凸键等零部件组成,如图 2-4 所示。叠片前,应先把磁轭冲片分别进行称重、清洗、测量厚度、分类。

4. 磁极

磁极是水轮发电机产生磁场的主要部件,属于转动部件,因此,它不但要具备一般转动部件应有的机械性能,还必须有良好的电磁性能。磁极一般由磁极铁芯、磁极线圈、阻尼组件等零部件组成。

图 2-4 磁轭结构示意图

5. 机座

定子机座即定子外壳,由钢板制成的壁、环、力筋、合缝板等零件焊接组装而成。主要作用是承受定子自重、上机架及机架其他部件的重力、电磁扭矩和不平衡磁拉力、绕组短路时的切向剪力。机座应有足够的刚度,同时还应能适应铁芯的热变形。

6. 铁芯

定子铁芯是水轮发电机磁路的主要通道,由于存在交变磁通,才能在绕组中产生感应交变电流,亦称为磁电交换元件。电厂定子铁芯由扇形冲片、通风槽片、定位筋、齿压板、拉紧螺杆、固定片等零部件组成。铁芯是由硅钢片叠装而成,在叠装一定高度时,分层压紧,并用高强度螺栓压紧,再采用双鸽尾定位筋焊接于定子机座上。

7. 绕组

三相绕组由绝缘导线绕制而成,均匀地分布于铁芯内圆齿槽中。当交变磁场切割绕组时,便在绕组中产生交变电动势和交变电流,从而完成水能—机械能—电能的转换。定子绕组固定好坏,关系机组安全运行和绕组寿命,如固定不牢,在电磁力和机械振动力的作用下,容易造成绝缘损坏、匝间短路等故障。因此槽部线棒用槽楔压紧,端部再用端箍结构进行固定。

8. 水轮发电机的主要附属部件

为保证水轮发电机机组安全稳定运行,其附属部件也起着至关重要的作用。

(1)机架

机架是立轴水轮发电机安置推力轴承、导轴承、制动器的支撑部件,是水轮发电机较为重要的结构件。机架由中心体和支臂组成,一般采用钢板焊接结构,中心体为圆盘形式,支臂大多为工字梁形式。

机架按其所处的位置分为上、下机架,电厂上、下机架均由中心体和四条支臂组成,呈十字形布置。

上机架支臂对边距离为5 200 mm,高1 700 mm。上机架为承重机架,其中心体内装有推力轴承、上导轴承和油冷却器。上机架有足够的刚度和强度能承受全部推力负荷,并能避免与水力脉动产生共振。上机架总重约14.5 t。

下机架支臂对边距离为3 760 mm,中心体内装设下导轴承和油冷却器。下机架总重约4.5 t。

(2)轴承

立式发电机轴承主要包括推力轴承和上导轴承,对于特小型立式发电机大部分仍使用轴向滚动轴承,而大、中型立式发电机都采用扇形的推力轴承和分块瓦的导轴承。

主轴由优质合金钢20SiMn锻件加工而成,主轴主要结构如图2-5所示。

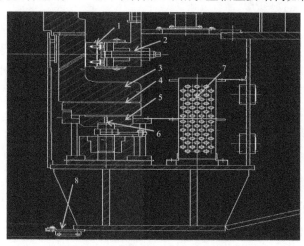

1—上导瓦;2—上导瓦间隙调整螺栓;3—推力头;4—推力瓦;5—托盘;6—推力瓦抗重螺栓;
7—推力油槽油冷却器;8—上机架下气密封圈

图2-5 立式发电机主轴结构图

水轮发电机导轴承主要承受机组转动部分的径向机械力和电磁的不平衡力,使机组在规定的摆度和振动范围内运行。导轴承主要由导瓦、冷却器、瓦托、轴承盖、内挡油筒、稳油板等部件组成。

发电机设置有推力轴承、上导轴承及下导轴承。水轮发电机组推力轴承的作用是承受整个水轮发电机组转动部分的重量以及水轮机的轴向水推力,并将这些力传递给水轮发电机的荷重机架及基础混凝土。它是水力机组最重要的组成部件之一,其工作性能的好坏,直接关系机组的安全和稳定运行,因此,水电工作者称之为机组的"心脏",可见它在机组中所处地位的重要性。推力轴承与上导轴承置于上机架油槽内,下导轴承置于下机架油槽内,并与水轮机水导轴承组成三支点布置形式。上导轴承有 6 块巴氏合金瓦,推力轴承有 8 块弹性金属塑料瓦。

图 2-6　发电机上导轴承(左)及推力轴承(右)结构图

（3）机械制动

机组制动采用的是机械制动方式,机械制动(亦称风闸)兼作顶起发电机转子和水轮机转动部分的千斤顶,机械制动安装在机械制动支架上,而机械制动支架安装在下机架上,每台机组共 4 个机械制动,制动气压为 0.6～0.7 MPa。具体参数如表 2-2 所示。

表 2-2　机械制动技术参数表

机械制动	风闸个数	4
	额定操作气压	0.43 MPa
	制动时耗气量	5 L/s

续表

转子顶起装置	转子最大顶起高度	15 mm
	额定操作油压	6.6 MPa
	风闸最大行程	33 mm

（4）冷却器

水轮发电机冷却方式为双路径向冷却方式,利用冷却器中的水流,带走机组运行时产生的热量。冷却器具体参数如表2-3所示。

表2-3 冷却器技术参数表

空气冷却器	数　量	8个
	工作水压	0.2～0.5 MPa
	耗水量	136 m³/h
油冷却器	工作水压	0.2～0.5 MPa
	推力/上导轴承冷却器耗水量	34 m³/h
	下导轴承冷却器耗水量	11 m³/h

2.4 运行规定及操作

2.4.1 运行规定

（1）额定情况下的运行方式:发电机正常运行时,应按表2-1水轮发电机基本工作参数运行,不得超过。发电机频率应按照南方电网《系统频率管理规定》执行,系统额定频率为50 Hz,正常运行频率偏差不得超过±0.2 Hz,最大频率偏差不超过±0.5 Hz。

（2）机组辅助设备正常应按机组控制程序指令自动启停,特殊情况下可采用手动方式启停。

（3）机组正常并列方式采用自动准同期方式,自动准同期装置不能投入运行时,经厂部同意后方可采用手动准同期并列(同步发电机并列条件应满足相同的相序、相等的电压、相等或接近相等的频率)。

（4）发电机正常停机时,当机组转速降至额定转速的25%时,机械制动自动投入;机组转速为零后,延时90 s,机械制动自动退出。

（5）机组检修状态下,发电机出口断路器及隔离开关在断开状态,接地开关处于闭合状态。

（6）发电机绝缘规定：

①机组检修前后应测量发电机定子、转子线圈绝缘电阻，以及定子吸收比，测量绝缘电阻前后均需放电。

②定子回路绝缘电阻用 2 500 V 摇表测量。

③定子绝缘电阻通常要换算成 75℃下的绝缘电阻才能进行比较，其经验公式如下：

$$R_{75} = \frac{R_t}{2^{\frac{75-t}{10}}} \tag{2-7}$$

式中：R_{75}——温度在 75℃时绝缘电阻（MΩ）；

$\quad\ \ R_t$——温度在 t℃时所测得的绝缘电阻（MΩ）；

$\quad\ \ t$——测量时的绕组温度（℃）。

④确保机组停机、机组出口断路器在检修或试验位置，在中性点避雷器上方测量（通常把 60 s 和 15 s 时的绝缘电阻值之比称为吸收比，一般发电机定子线圈的绝缘正常时，吸收比应在 1.3 以上）。

⑤转子线圈绝缘电阻用 500 V 摇表测量（测量时应断开灭磁开关，将转子一点接地保护压板退出，在灭磁开关出线处测量），其测量结果应≥0.5 MΩ。

（7）机组控制方式：一般将水力机组的控制方式分为两种，即现地控制和远方控制。

①现地控制方式

a. 当机组 LCU 与上位机出现通信故障时，使用"现地"控制方式。

b. 在机组 LCU B 柜上，将机组控制方式切为"现地"。

c. 具体控制操作是在"现地"控制方式下，在机组 LCU A1 柜触摸屏选择"操作"输入密码"1111"点击"enter"，再选择需要执行的命令，然后"执行"并"确定"，操作完毕后应将画面切换至报警窗口，密切监视设备执行命令情况。

②中控室远方控制

a. 该控制方式为正常运行时的主要控制方式。

b. 在机组 LCU 上，将机组控制方式切为"远方"。

c. 在上位机上完成机组启停，或负荷及电压调节操作。

（8）调试：

①当监控系统需要调试时，应按下机组 LCU A1 柜上"debug"按钮，此时监控系统无输入输出。

②操作按下机组 LCU A1 柜上部"debug"按钮,确认此按钮按下,"debug"指示灯亮。

(9)发电机的监视、检查

①发电机运行中的监视、检查

a. 检查现地控制单元 LCU、调速器、励磁装置、发电机附属设备等的运行状态正常,各保护压板投在相应位置,压油装置油压正常,发电机运行各参数符合规定。

b. 检查转子滑环、碳刷的接触状况,无火花。刷辫有无氧化变色,碳刷长度合适。

c. 发电机风洞内无异响、异味及杂物,温度适中,空冷器无漏水,无严重结露现象。

d. 检查上导、下导及推力轴承油温、油位正常,各管路无漏油、漏水现象。

e. 检查发电机电压互感器控制柜内空开在合闸位置,无报警,PT 柜内无异常声音,柜门应锁好。

f. 检查发电机出口开关、隔离刀闸位置正确,断路器控制柜面板无报警,SF_6 压力值在正常范围。

②发电机停机后的监视、检查

a. 备用机组及其全部辅助设备,应经常处于完好状态,保证机组能随时启动并网。

b. 备用机组停机时间达 72 h,应联系调度切换机组运行,或开机空载运行 10 min 左右,以保证推力瓦瓦面油膜正常。

c. 备用机组的巡检要求与运行中的机组一样,做定期巡回检查。

d. 机组停机后,需监视停稳机组是否存在溜机现象。

2.4.2 运行操作

1. 机组检修后第一次启动前的一般注意事项

(1)机组检修后必须完成下列工作

①检查现场清理完毕,工作人员全部撤离,收回所有工作票,拆除所有安全措施(如接地线、标示牌、遮栏)。

②检查电气部分已具备开机条件。

③检查机械部分已具备开机条件。

④机组控制方式根据现场实际需要进行选择。

⑤复归所有报警信号,检查机组处于停机稳态。

（2）机组电气部分检查项目

①测量机组定子绕组、转子线圈绝缘电阻符合规定。

②机组出口断路器在分闸状态，分合闸试验正常，控制方式为"远方"。

③所有地线已拆除。

④励磁系统正常。

⑤保护装置正常投入。

⑥各辅助设备操作电源正常投入。

（3）机组机械部分检查项目

①发电机空气冷却器，上导、下导、水导冷却器各进出水阀门位置正确，技术供水系统正常。

②机组各轴承油箱油位正常。

③空气围带退出。

④机械制动装置正常并退出。

⑤高压顶起转子使推力轴承轴瓦建立油膜。

⑥调速器系统正常。

2. 机组零起升压具体操作步骤

（1）机组出口隔离开关（分闸）及接地开关（分闸）位置满足试验要求。

（2）机组保护投入（除失磁保护以外）正常。

（3）退出励磁强励功能。

（4）机组 LCU 开机至"空转"。

（5）合上机组灭磁开关 QE，检查机组起励正常（不正常则停机）。

（6）检查发电机出口电压为 0。

（7）通过缓慢增加励磁电流 25%，50%，75%，100% 来加压。

（8）检查发电机零起升压正常。

（9）励磁电流减至 0。

（10）检查机组定子电压接近 0。

（11）断开机组灭磁开关 QE。

（12）现地 LCU 停机组。

3. 投退制作操作步骤

当发电机停运超过 3 天（72 h），或发电机检修后需顶转子，其投退制作操作步骤如下：

（1）检查机组在停机、风洞内无人。

（2）检查机械制动已复归。

（3）将机械制动控制方式放"切除"位置。

（4）检查顶转子油泵排油阀在"关闭"位置。

（5）检查顶转子进油阀 00YY16 V 在关闭位置。

（6）将移动式高压油泵的油管接于 00YY16 V 前，并打开 00YY16 V。

（7）专人在水车室监视大轴的起升情况。

（8）启动高压油泵，当大轴升至 5～7 mm，停泵。

（9）退出时，缓慢打开转子油泵排油阀，至泄压为零。

（10）等待机组制动风闸下腔排油完毕（可以自、手动投退风闸一次）。

（11）关闭顶转子进油阀 00YY16 V。

（12）移除高压移动式油泵。

4. 手动投退风闸操作步骤

（1）将机组机械制动控制方式放"切除"位置。

（2）关闭机械制动投入电磁阀 0＊QD02EV 及前、后手动阀 0＊QD09V、0＊QD10 V。

（3）打开机械制动投入进气手动阀 0＊QD12 V（投入已完毕）。

（4）关闭机械制动投入进气手动阀 0＊QD12 V。

（5）打开机械制动投入手动排气阀 0＊QD14 V。

（6）关闭机械制动复归电磁阀 0＊QD03EV 及后手动阀 0＊QD11 V。

（7）打开机械制动复归进气手动阀 0＊QD15 V。

（8）当复归气压达标时，关闭复归进气手动阀 0＊QD15 V。

（9）打开机械制动复归手动排气阀 0＊QD17 V。

（10）当机械制动已复归时，关闭复归手动排气阀 0＊QD17 V。

（11）打开机械制动投入电磁阀 0＊QD02EV 及前、后手动阀 0＊QD09 V、0＊QD10 V。

（12）打开机械制动复归电磁阀 0＊QD03EV 及后手动阀 0＊QD11 V，并将机械制动控制方式放"自动"位置。

5. 发电机灭火装置

发电机采用水喷雾灭火装置。当确认 4 个温感器和 4 个烟感器其中有一个及以上同时动作，应立即到现地打开上盖板风洞门检查。若确认发生火灾，则立即向上级领导请示，经领导批准，可使用发电机灭火装置灭火。

6. 手动准同期并列操作

（1）在机组 LCU/B 柜将同期装置 SA1、SA2 切至手动、SA3 切至无压、SA7 切至选择位置。

（2）机组启动后，执行到"同期"步骤时，利用 SA5 调节机组电压。

（3）监视同期表，当符合同期条件时，合上 SA6 合闸。

（4）将机组同期装置控制方式恢复正常方式。

7. 手动准同期并列操作注意事项

（1）手动准同期并列操作须由厂部批准。

（2）同期表指针必须均匀慢速转动一周以上，证明同期表无故障后方可正式进行并列。

（3）同期表转速过快，有跳动情况或停在中间位置不动或在某点抖动时，不得进行并列操作。

（4）不允许一手握住开关操作把手，另一手调整电压，以免误合闸。

（5）根据开关合闸时间，选择合适的开关合闸时间的提前角度。

（6）并列操作后及时将同期方式恢复为正常方式。

2.5　故障及事故处理

2.5.1　发电机定子线圈或冷热风温度超过额定温度

1. 现象

中控室计算机监控系统有"定子线圈温度过高"或"空冷器温度异常"报警信号。

2. 处理

（1）检查机组温度曲线及其变化趋势，判断是否为测温元件失灵误报。

（2）检查风洞有无异味及其他异状，并判断是否个别部分过热，个别空冷器工作异常。

（3）调整机组技术供水冷却水流量。

（4）在不影响系统正常运行的条件下，适当调整机组的有功、无功负荷。

（5）若仍无法处理，应联系地调降低机组出力直至温度降至额定温度以内。

（6）在采取以上措施后温度还是超额定值，应立即向调度申请停机，并联系 on-call 值人员处理。

2.5.2　导轴承冷却水中断

1. 现象

中控室计算机监控系统有"导轴承冷却水中断"报警信号。

2. 处理

（1）检查装置是否误报警。

（2）检查各导轴承温度是否有升高现象，是个别还是多数现象。如有几个导瓦温高，应减小机组出力，并加强监视；如导瓦温度有上升趋势，应立即停机。

（3）检查技术供水投入是否正常，水压是否足够。

（4）现场查看流量变送器。

（5）检查技术供水管路有无漏水，有漏水时，备用水若能实现正常供水则切换为备用水。

（6）如导瓦温度还不下降，应立即向调度申请停机，并联系 on-call 人员处理。

2.5.3　空冷器冷却水中断

1. 现象

中控室计算机监控系统有"空冷器冷却水中断"报警信号。

2. 处理

（1）检查是否误报警。

（2）检查发电机定子温度、热风温度是否升高。

（3）检查技术供水系统是否正常，各阀门开度位置是否正确，结合人为探听管路水流声音是否正常。

（4）检查管路阀门是否漏水，考虑是否切换为备用水。

（5）以上若无异常，热风温度不超过定值，通知 on-call 人员检查信号回路。

2.5.4　系统发生剧烈的振荡或发电机失步

1. 现象

发电机、变压器和线路的电压、电流、有功、无功指示发生周期性大幅升降，照明灯随着电压波动而一明一暗，发电机发出异常嗡鸣音，机组失步保护可能动作，跳机。

2. 处理

（1）手动增加励磁电流，充分利用发电机的励磁能力，提高系统电压。

（2）如果频率升高，应迅速降低发电机的有功出力；如果频率降低，应立即增加发电机的有功出力至最大值。

（3）采取上述措施后经 3 至 4 min，如振荡仍未消除，应将情况报告调度，听取调度命令。

（4）发电机由于进相或某种干扰原因发生失步时，应立即减少发电机有功出力，增加励磁，以使发电机拖入同步。在仍不能恢复同步运行且失步保护未动作时，应向调度申请将发电机解列后重新并入系统。

（5）发电机失磁引起系统振荡而失磁保护又未动作时，则应立即将失磁机组解列。

2.5.5　发电机集电环发生强烈火花

1. 现象

发电机碳刷与集电环之间有强烈的火花，有时伴随着异常声音。

2. 处理

（1）检查判别是否因碳刷卡住或磨损较多引起。

（2）减小励磁电流，减有功。

（3）如火花不能减小，应报告调度申请停机处理。

（4）如果产生强烈的环火，应立即紧急停机。

2.5.6　定子 100% 接地保护动作后的处理

发电机纵差动保护，定子 100% 接地保护动作后的处理如下。

（1）立即对保护范围内的一切电气设备进行全面检查。

（2）测量发电机的绝缘电阻。

（3）对保护装置进行检查。

（4）上述检查未发现问题，经总工程师同意后，对发电机零起升压，升压过程中发现不正常现象，应立即停机，若升压中未发现异常，则可根据调度要求停机或并网运行。

2.5.7　定子过负荷保护动作后的处理

1. 定时限

发报警信号。

2. 处理

加强对机组的监视，尤其是发电机定子铁芯层间和槽底的温度，申请调度降低有功。

2.5.8　转子一点接地保护动作后的处理

（1）发报警信号。

（2）加强对机组的监视并了解系统有无故障。

（3）若引起机组停机，则测量转子正、负极对地电压，检查励磁系统。

（4）联系 on-call 人员清扫集电环。

2.5.9　发电机非同期并列

1. 现象

出现定子电流突然升高，发电机电压大量降低，发电机内发出吼叫声，定子电流表剧烈摆动后慢慢恢复正常，发电机强励动作，光字牌亮，信号继电器掉牌等。

2. 处理

运行人员应在值长同意下，立即跳开发电机出口的断路器，迅速停机。然后用 2 500 V 摇表测定定子绝缘，并检查发电机定子上、下端部有无变形。经检查确定发电机未受损伤后，方可再开机并网运行。

2.5.10　发电机失去励磁

1. 现象

励磁电流表指针指零位，有功功率表指示低于正常值，定子电流表指示升高，功率因数表进相（$\cos\varphi > 1$），无功表偏负，发电机从电力系统吸取无功功率。

2. 处理

应先检查励磁开关是否跳闸，如果没有跳闸，应在调节励磁无效的情况下，将发电机解列，以免故障扩大。停机后，会同电试专责人员对励磁回路进行全面测试检查，并由专责人员处理好。

2.5.11　发电机着火

发电机着火处理：

（1）水机值班人员应立即用开度限制减少有功至零值并操作紧停按钮，将发电机组与系统解列灭磁。

（2）确认发电机灭磁开关 Q_E 跳闸，已灭磁失压，再迅速打开发电机消火水管，值班人员按"安规"，用 1211 等灭火器灭火。禁止用泡沫灭火机和沙子灭火。

（3）待灭火降温后根据事故发生的现象和部位仔细检查，必要时由检修专责人员解体检查，查明原因，分别加以处理。

2.5.12 机组过速

1. 原因

机组甩负荷，调速器失灵；或者关闭时间整定值过大，使机组转速大于过速继电器整定值（一般为额定转速的 140%），机组紧急停机，同时，主阀自动关闭。

2. 注意事项

当调速器失灵引起机组过速，又遇到保护自动控制回路故障时，机组不自动停机，运行人员应迅速按紧急停机按钮或手动操作调速器的紧急停机阀，使导水机构关闭。若无效，应迅速关闭主阀。

第 3 章 ●

水轮机

3.1 水轮机的定义

水流经引水道进入水轮机,由于水流和水轮机的相互作用,水流把自己的能量传给了水轮机,水轮机获得了能量后开始旋转而做功。水轮机和发电机相连,水轮机将获得的能量传给了发电机,带动发电机转子旋转,在定子内感应出电势,带上外负荷后便输出了电流。水流流经水轮机时,水流能量发生改变的过程,就是水轮机的工作过程。

水轮机是将水流的势能转换为旋转的机械能,按能量转换特征分为反击式和冲击式两类。每一类水轮机根据转轮区内水流特征和转轮的结构特征又分为多种形式。

电厂水轮机为混流式水轮机,由引水部件、导水机构、转动部件、泄水部件、水导轴承部件、主轴密封部件及附属设备组成。

3.2 水轮机的基本技术参数

水轮机的工作参数是表征水流通过水轮机时水流能量转换为转轮机械能过程中的一些特性的数据。水轮机的基本工作参数主要有:水头 H、流量 Q、出力 P、效率 η、转速 n。

3.2.1 水头

水总是由高处向低处流,这是水流流动的客观规律,它不以人们的意志而转移,人们只能根据这一规律来利用。水流为什么能从高处流向低处呢?
从能量的观点来说,是因为高处的水流能量大,低处的水流能量小,这样高处
与低处就自然形成一个水流能量差。根据能量不灭定律,这种能量差不能消
灭,它只能通过由高处向低处流动而做功,将水流能量差转变成其他形式的
能量。当某河段修建水电站装置水轮机后,水流便由水轮机进口经水轮机流
向出口,因为水轮机进口和出口存在着能量差,其大小可以根据水流能量转
换规律来确定。

　　水轮机的水头(亦称工作水头)是指水轮机进口和出口截面处的单位重
量的水流能量差,单位为 m。工作水头又称净水头,是单位重量水体通过水
轮机进出口面的能力差值,等于毛水头减去引水系统水头损失,常用 H 表示。

　　反击式水轮机的进口断面设在蜗壳进口处(Ⅰ-Ⅰ断面),出口设在尾水管
出口处(Ⅱ-Ⅱ断面),如图 3-1 所示。列出水轮机进、出口断面的能量方程,根
据水轮机工作水头的定义可写出其基本表达式:

$$H = E_{\text{I}} - E_{\text{II}} = \left(Z_{\text{I}} + \frac{P_{\text{I}}}{\gamma} + \frac{\alpha_{\text{I}} v_{\text{I}}^2}{2g} \right) - \left(Z_{\text{II}} + \frac{P_{\text{II}}}{\gamma} + \frac{\alpha_{\text{II}} v_{\text{II}}^2}{2g} \right) \quad (3\text{-}1)$$

式中:E——单位重量水体的能量,m;

　　　Z——相对某一基准的位置高度,m;

　　　P——相对压力,N/m^2 或 Pa;

　　　v——断面平均流速,m/s;

　　　α——断面动能不均匀系数;

　　　γ——水的重度,其值为 9 810 N/m^3;

　　　g——重力加速度,9.81 m/s^2。

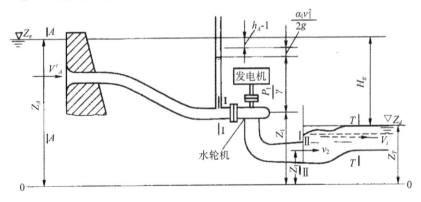

图 3-1　水电厂和水轮机的水头示意图

式(3-1)中,计算常取 $\alpha_{\mathrm{I}}=\alpha_{\mathrm{II}}=1$,$\alpha V^2/2g$ 称为某截面的水流单位动能,即比动能,m;P/γ 称为某截面的水流单位压力势能,即比压能,m;Z 称为某截面的水流单位位置势能,即比位能,m。$\alpha V^2/2g$、P/γ 与 Z 的三项之和为某水流截面水的总比能。

水轮机水头 H 又称净水头,是水轮机做功的有效水头。上游水库的水流经过进水口拦污栅、闸门和压力水管进入水轮机,水流通过水轮机做功后,由尾水管排至下游,在这一过程中,产生水头损失 h。上、下游水位差值称为水电的毛水头 H,其单位为 m。因而,水轮机的工作水头又可表示为

$$H = H_g - \Delta h \tag{3-2}$$

式中:H_g——单位重量水体的能量,m;

Δh——相对某一基准的位置高度,m。

由式(3-2)可知,水轮机的水头随着水电站的上下水位的变化而改变,常用几个特征水头表示水轮机水头的范围。特征水头包括最大水头 $H_{\max}$、最小水头 $H_{\min}$、加权平均水头 H_a、设计水头 H_r 等,这些特征水头由水能计算给出。

(1) 最大水头 $H_{\max}$,是允许水轮机运行的最大水头。它对水轮机结构的强度设计有决定性的影响。

(2) 最小水头 $H_{\min}$,是保证水轮机安全、稳定运行的最小静水头。

(3) 加权平均水头 H_a,是在一定期间内(视水库调节性能而定),所有可能出现的水轮机水头的加权平均值,是水轮机在其附近运行时间最长的净水头。

(4) 设计水头 H_r,是水轮机发出额定出力时所需要的最小净水头。以冲击式水轮机中的单喷嘴切击式水轮机为例(图 3-2)。切击式水轮机工作水头定义为喷嘴进口断面与射流中心线跟转轮节圆相切处单位重量水流能量之差:

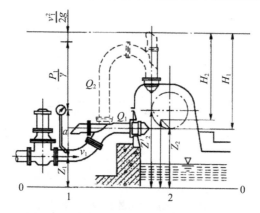

图 3-2　单喷嘴切击式水轮机的工作水头

$$H = \left(Z_1 + a + \frac{P_1}{\gamma} + \frac{\alpha_1 V_1^2}{2g} \right) - Z_2 \qquad (3-3)$$

水轮机的水头表明水轮机利用水流单位机械能的多少,是水轮机最重要的基本工作参数,其大小直接影响着水电站的开发方式、机组类型以及电站的经济效益等技术经济指标。

3.2.2　流量

水轮机的流量是单位时间内通过水轮机某一既定过流断面的水流体积,常用符号 Q 表示,常用单位为 m³/s。在设计水头下,水轮机以额定转速、额定出力运行时所对应的水流量称为设计流量,且此时其过水流量最大。运行过程中,水轮机引用流量随着水轮机工作水头和出力的变化而变化。

3.2.3　转速

水轮机的转速是水轮机转轮在单位时间内的旋转次数,常用符号 n 表示,常用单位为 r/min。对于大中型水轮发电机组,水轮机与发电机是同轴运行,转速相同,并需要满足同步转速的要求。

3.2.4　出力与效率

水轮机出力是水轮机轴端输出的功率,常用符号 P 表示,常用单位为 kW。

水轮机的输入功率为单位时间内通过水轮机的水流的总能量,即水流的出力,常用符号 P_n 表示,则

$$P_n = \gamma QH = 9.81QH \text{(kW)} \qquad (3-4)$$

由于水流通过水轮机时存在一定的能量损耗,所以水轮机出力 P 总是小于水流出力 P_n。水轮机出力 P 与水流出力 P_n 之比称为水轮机的效率,用符号 η_t 表示。即

$$\eta_t = \frac{P}{P_n} \qquad (3-5)$$

由于水轮机在工作过程中存在能量损耗,故水轮机的效率 $\eta_t < 1$。由此,水轮机的出力可写成

$$P = P_n \eta_t = 9.81QH\eta_t \text{(kW)} \qquad (3-6)$$

水轮机将水能转化为水轮机轴端的出力,产生旋转力矩 M 用来克服发电机的阻抗力矩,并以角速度 ω 旋转。水轮机出力 P、旋转力矩 M 和角速度 ω 之间有以下关系式

$$P = M\omega = \frac{M2\pi n}{60}(\text{W}) \tag{3-7}$$

式中:ω——水轮机旋转角速度,rad/s;

M——水轮机主轴输出的旋转力矩,N·m;

n——水轮机转速,r/min。

3.2.5 百色那比水力发电厂水轮机技术参数

水轮机型号为 HL271 - LJ - 225。HL——混流式,271——转轮型号,L——立轴(W——卧轴),J——金属蜗壳(H——混凝土蜗壳、P——灯泡式等),225——转轮标称直径 2.25 m。百色那比水力发电厂水轮机参数如表 3-1 所示。

表 3-1　水轮机参数表

名　称	参　数	单　位
型　号	HL271 - LJ - 225	
最大水头	54.9	m
额定水头	45	m
最小水头	43	m
额定流量	39.81	m³/s
额定出力	16.5	MW
最大出力	18.975	MW
额定转速	250	r/min
飞逸转速	485	r/min
比转速	271	m·kW
轴向水推力	963.3	kN
旋转方向	俯视顺时针	
主轴直径	480	mm
主轴长度	3 900	mm

续表

名　称	参　数	单　位
转轮叶片数	13	个
固定导叶数	24	个
活动导叶数	24	个
转轮中心安装高程	▽302.5	m
吸出高度	2.2	m
水轮机总重	13	t
蜗壳型式	金属蜗壳,包角 max＝345°	
尾水管	弯肘形	

1. 水轮机转轮参数(表 3-2)

表 3-2　转轮参数表

材料		重量	6 522 kg
进口直径	2 250 mm	大轴直径	480 mm
出口直径		叶片数	13 片
上迷宫环间隙	1.73 mm	下迷宫环间隙	1.93 mm

2. 导叶接力器参数(表 3-3)

表 3-3　导叶接力器参数表

导叶接力器内径	250 mm
导叶接力器活塞杆直径	90 mm
导叶接力器操作行程	360 mm
导叶接力器压紧行程	3～5 mm
导叶接力器工作油压	4.0 MPa
导叶接力器开启时间	10 s(可调)
导叶接力器关闭时间	9 s(可调)
导叶接力器油管内径	ϕ48 mm

3. 导叶参数

端面间隙范围 0.14～0.42 mm,上端面占 3/5,下端面占 2/5。导叶参数如表 3-4 所示。

表 3-4 导叶参数表

导叶高度	684 mm	导叶数量	24 个
导叶立面间隙	0.05 mm	导叶分布圆直径	2 642 mm
导叶上端面间隙	0.2±0.1 mm	轴套数	3 个
导叶下端面间隙	0.1±0.1 mm	轴套润滑方式	自润滑
导叶最大开口		35.07°	

4. 顶盖排水泵参数(表 3-5)

表 3-5 水轮机顶盖排水泵参数表

排水泵型号	2TC31	电动机型号	Y112M-2
扬程	32 m	电动机功率	4 kW
流量	10 m³/s	电源电压	380 V
转速	2 890 r/min	水泵台数	3 台

5. 轴承的间隙及允许摆度参数(表 3-6)

表 3-6 轴承的间隙及允许摆度参数表

名 称	双边间隙(mm)	允许摆度(mm)
水导轴瓦	0.30	0.25

6. 水轮机水导轴承瓦温度整定(表 3-7)

表 3-7 水轮机水导轴承瓦整定温度表

名 称	正常温度(℃)	报警温度(℃)	停机温度(℃)
水导轴承瓦	<65	65	70

3.3 立轴混流式水轮机结构及原理

3.3.1 立轴混流式水轮机特点

立轴混流式水轮机结构紧凑,效率较高,能适应很宽的水头范围,是目前世界各国广泛采用的水轮机型式之一。当水流经过这种水轮机的工作轮时,它以辐向进入、轴向流出,所以也称为辐向轴流水轮机。百色那比水力发电厂采用的是立轴混流式水轮机,其结构如图 3-3 所示。

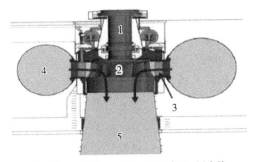

1-主轴;2-叶片;3-导叶;4-蜗壳;5-尾水管

图 3-3　立轴混流式水轮机结构图

3.3.2　立轴混流式水轮机主要结构及作用

1. 引水部件

引水部件主要指蜗壳和座环。水流由蜗壳引进,经过座环进入导水机构。蜗壳的作用是使进入导叶的水流形成一定的旋转,均匀地将水流引入导水机构;而座环的作用是承受整个机组及其上部混凝土的重量和水轮机的轴向推力,以最小的水力损失将水流引入导水机构。

(1) 蜗壳

蜗壳的作用是使水流以较小的水力损失均匀对称地流入转轮,百色那比水力发电厂水轮机蜗壳为金属蜗壳,由 21 节蜗壳壳节(上下游方向各 1 节凑合节)及 4 节锥管段焊接拼成,蜗壳材质采用 Q345 钢板,厚 20～30 mm。蜗壳进口最大直径(内径)为 3 200 mm,在其下游方向设置了直径 600 mm 的进人门。蜗壳上设有蜗壳排水阀,用于排除蜗壳内积水。电厂蜗壳结构如图 3-4 所示。

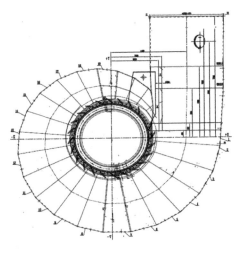

图 3-4　蜗壳结构图

（2）座环

座环采用箱型结构，由上环板、下环板和 24 个固定导叶组成。座环作为水轮机基础件，几乎承担全部水轮机的重量和轴向水推力，以及蜗壳上方混凝土的重量。座环上环板与顶盖把合，下环板与底环把合。

2. 导水机构

导水机构主要由操纵机构（推拉杆、接力器及锁锭装置）、导叶传动机构（控制环、拐臂、连杆和连接板）、执行机构（导叶及其轴套）和支撑机构（顶盖、底环等）4 大部分组成。导水机构为水轮机流量调节机构，作用是改变水流的入射角度使水流按规定的流量和环量进入转轮，达到控制机组转速的目的。当发电机组负荷发生变化时，可用它来调节流量；正常与事故停机时，用它来截断水流。其结构图如图 3-5 和图 3-6 所示。

（1）底环

底环整体加工，底环与座环下环板安装固定。底环上设有 24 个导叶轴孔，安装有自润滑轴套，用来固定导叶下端。底环与座环采用螺栓连接。

（2）顶盖

顶盖整体加工，顶盖与座环上环板安装固定。顶盖上设有 24 个导叶轴孔，分上轴套和中轴套，上下布置，安装有自润滑轴套，用来固定导叶上端。顶盖上设有 6 根 DN65 泄压排水管，用于降低转轮上腔压力。

（3）活动导叶

百色那比水力发电厂采用 24 个活动导叶，由上中下 3 个轴套固定。

①导叶轴套同轴度应小于 0.10 mm，同轴度过大会使导叶卡阻出现偏磨现象。

②导叶与导叶之间的距离（内切圆直径）称为导叶开度。开度的变化导致流量变化，进而改变出力。导叶开度由调速器控制，最大开度 35.07°，偏差 ±1.5%。

③导叶间隙。

导叶端面间隙上端 0.2～0.4 mm，下端 0.2～0.4 mm；导叶立面间隙 0～0.05 mm，允许局部达 0.10 mm，长度不超过导叶高度的 1/4。

导叶端面间隙的调整：可采用压铅法，先把调整螺栓拧紧，测定端面间隙，将间隙调整到规定值；然后测量铅块厚度，按照铅块厚度配备调整垫板，安装完成后复查上下端面间隙。

导叶立面间隙的调整：立面间隙调整前，导叶端面间隙应已调整好，导叶臂尚未与控制环连接，导叶处于自由状态。用 2 根长钢丝绳及手拉葫芦，将全

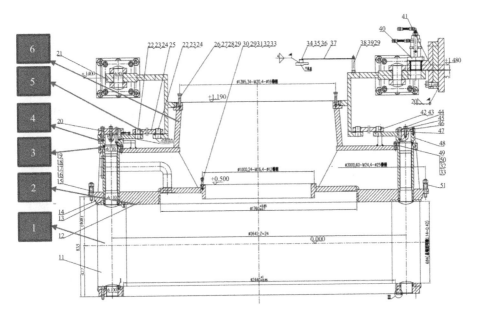

1—活动导叶;2—顶盖;3—活动导叶中套筒;4—拐臂;5—拐臂与控制连接板;6—控制环

图 3-5 导水机构剖面结构图

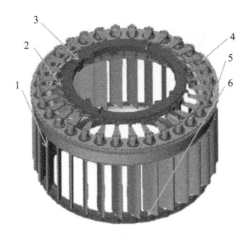

1—活动导叶;2—导叶连杆;3—控制环;4—导叶套筒;5—顶盖;6—底环

图 3-6 导水机构结构示意图

部活动导叶捆绑一圈,手拉葫芦一端连接钢丝绳,另一端固定在座环以固定导叶。导叶基本关闭后,用手拉葫芦拉紧钢丝绳,并用螺旋千斤顶顶导叶外侧,使其关闭紧密。测量检查各导叶之间密封面间隙,用 0.05 mm 塞尺检查,确定不能通过,允许局部间隙达 0.10 mm,总长不超过导叶高度的 1/4。

（4）控制环

控制环布置在顶盖上，控制导叶的开启和关闭。控制环 2 个大耳孔与 2 个接力器连接，小耳孔通过双连板与 24 个导叶臂连接。

控制环底部与内侧立面设有抗磨块，控制环止推压板通过螺栓固定在顶盖上，共安装 8 块，间隙为 1 mm。检修维护时及时清扫配合面，侧抗磨块与顶盖间隙应均匀，止推压板间隙满足要求，并加注润滑脂。

（5）导叶臂

24 个导叶臂，其中 12 个导叶臂装配有摩擦装置、连接板、剪断销。摩擦装置安装在导叶臂上，连接板箍在摩擦装置处。剪断销孔上部在连接板上，下部在导叶臂上，连接板与导叶臂不同步时，会造成剪断销断裂。连接板组合螺栓松动、摩擦装置夹杂质均可能造成剪断销断裂。

每个导叶臂均装配止推限位块，用于限制导叶的最大开度，防止剪断销断裂时导叶碰撞，其结构如图 3-7 所示。

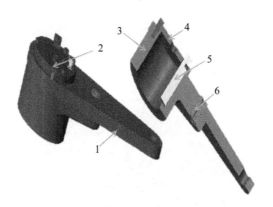

1—拐臂连接板；2—端盖压板；3—导叶拐臂；4—端盖；5—分半键；6—剪断销

图 3-7 导叶臂结构图

3. 转动机构

转动部分(图 3-8)主要由水轮机主轴、转轮(图 3-9)、联轴螺栓组成。转轮由上冠、下环和叶片组焊而成。转轮是直接将水能转换为旋转的机械能的过流部件，对水轮机结构性能尺寸起着决定性的作用，是水轮机的核心部分。

转轮与水轮机主轴通过 16 颗 M72 联轴螺栓连接，联轴螺栓使用联轴螺柱加热器来预紧螺柱，伸长值为 0.53 mm，最大预紧力为 4 274 kN。预紧完成后，用 0.03 mm 塞尺检查，法兰把合面应不能通过。

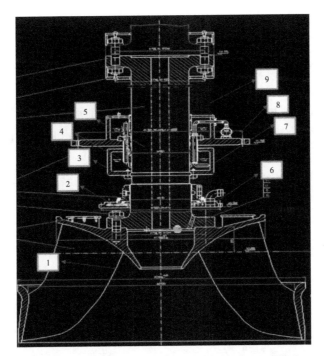

1—转轮;2—联轴螺栓;3—主轴密封;4—转动油盆;5—水导瓦;
6—空气围带;7—毕托管;8—水导油槽油冷却器;9—水轮机主轴

图 3-8　水轮机转动部分结构图

1—下止漏环;2—转轮叶片;3—上止漏环;4—转轮与主轴连接螺栓;5—水轮机主轴;
6—空气围带;8—下机架;9—主轴

图 3-9　水轮机转轮结构图

4. 水导轴承

水导轴承采用筒式轴承,主要由筒式轴瓦、轴承支座、轴承盖板、转动油盆、转动油盆盖板、卡环、外置冷却器等组成。承受水轮机轴径向力,传递至顶盖,结构如图 3-10 所示。

筒式轴瓦分四瓣组合,与轴承支座把合固定,轴承支座法兰与顶盖把合,筒式轴瓦与水轮机主轴单边间隙不应小于 0.14 mm,总间隙不能超过 0.40 mm。

转动油盆通过卡环固定在水轮机轴上,随主轴旋转。在旋转过程中,转动油盆内透平油受离心力的影响向外侧甩,吸入毕托管内,经冷却器冷却后流入轴承上油箱,再流回转动油盆内,完成油冷却。

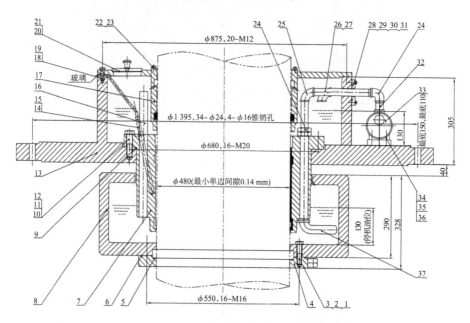

图 3-10　水导轴承结构图

5. 主轴密封

主轴密封包括工作密封和检修密封(图 3-11)。

(1) 工作密封(立面密封)

工作密封由两瓣组成,通过螺栓与顶盖连接。密封表面镶嵌有一层大约 5 mm 厚的巴氏合金,分上、下两环,在两环之间设有一根 DN50 的排水管,机组运行时水通过排水管流到渗漏排水井。密封安装时与主轴单边间隙不应小于 0.30 mm。

（2）检修密封

检修密封由空气围带、检修密封座等组成。检修密封座与顶盖把合固定，空气围带由检修密封座固定。空气围带与主轴之间应有 1.5～2 mm 单边间隙，通入 0.7 MPa 气压后，应能抱紧主轴。

机组正常运行过程中不能投入检修密封，否则会烧毁空气围带。停机检修时，投入检修密封防止主轴密封漏水。

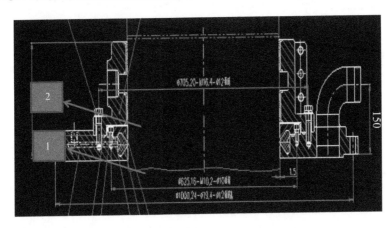

1—空气围带（检修密封）；2—主轴密封（工作密封）

图 3-11　水轮机主轴密封示意图

6. 泄水机构

泄水部件主要指尾水管（本厂无泄水锥结构），其结构示意图如图 3-12 所示。

百色那比水力发电厂尾水管采用弯肘型，用于回收从转轮泄出水流的剩余能量，并引导水流平稳排入下游。尾水管由尾水锥管、肘管、扩散管、盘形排水阀、尾水管进人门组成。

（1）锥管

锥管共 2 节，锥管上设有进人门，在进人门底部有验水阀。检修时应检查确认验水阀无水并无堵塞，方可开启锥管进人门。

锥管内设有可拆卸尾水管检修平台，供机组检修使用。

（2）肘管

肘管共 13 节，采用 Q235B、20 mm 厚钢板焊接。

（3）扩散管

扩散管为混凝土结构，底部设有 φ300 盘形排水阀，以便检修时排除尾水管内积水。

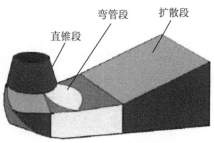

图 3-12　尾水管结构示意图

3.4　运行规定及操作

3.4.1　运行规定

3.4.1.1　水轮机检修后的工作准备

水轮机检修后投入备用或第一次启动运行前,必须做好下列工作。

(1) 水轮机各项检修工作结束,按验收等级验收合格,检修工作人员全部撤离现场,办理工作票终结手续,作业交代清楚,现场清理干净,并经主管生产领导同意方可进行恢复工作。

(2) 在封闭蜗壳、尾水管进人门前,应先检查里面确无人员和物件遗留。

(3) 水车保护装置和自动控制装置已完全投入且可靠。

(4) 油系统工作正常,调速器在"自动"位置,开度限制及导水叶全关且导水叶液压锁锭装置投入。

(5) 压油装置工作正常,压力油泵工作及控制方式正常,压力油罐油压、油位在正常范围内,回油箱油位正常。

(6) 转子已经被顶起过,气系统恢复正常,风闸退出。

(7) 上导/推力轴承、下导轴承、水导轴承油槽油位正常。

(8) 机组冷却水系统无异常,技术供水电动阀阀门全关,电源投入,控制回路正常。

(9) 机组 LCU 显示机组正常可用。

3.4.1.2　各机组设备状态

备用机组及运行机组,各设备应处于如下状态。

(1) 机组各种保护及自动装置投入正常,无故障和事故信号。

（2）各轴承油槽油位、油色正常。

（3）压油装置处于正常运行方式，常规控制启动打压正常，压油槽压力、油位在正常范围内，自动补气系统投运正常，回油箱油位正常。

（4）调速器在"自动"状态，各部无异常，事故配压阀复归。

（5）进水口检修闸门和尾水闸门全开。

（6）进水蝶阀在全开位置，蝶阀操作系统及自动装置正常，阀门控制方式放在"远方联动"位置。

（7）机组冷却水系统投入，水压力在正常值，各部无渗漏。

（8）主轴密封排水正常，水压力在正常值，顶盖漏水量正常，顶盖自流排水通畅，顶盖排水泵放在"自动"位置。

（9）机组风闸全部下落到位，空气围带退出，制动柜阀门在正常状态，压力表指示正常。

3.4.1.3 备用及保护的要求

（1）备用机组及其辅助设备应与运行机组一样进行巡回检查。备用机组上的任何检修作业，必须经过当班值长批准，履行工作许可手续后，方可进行检修工作。

（2）水轮机不能无保护运行。不得任意切除机组保护及自动装置或改变其整定值，整定值的改变必须凭厂部领导批准的修改通知单，由运维人员进行修改。

3.4.1.4 开、停机的注意事项

（1）水轮机检修后投入运行或第一次启动运行前，先把导叶开度开到5%～7%进行冲转，冲转完之后再以 LCU 顺控自动开机。

（2）开机前应确认机组风闸全部下落到位，空气围带退出。

（3）确认开机条件满足，调速系统正常，机组各部无检修工作。

（4）在开机过程中如发现轴承温度显著上升，应立即停机，查明原因，并汇报有关领导。

（5）开、停机后应对机组进行一次全面检查。

（6）停机过程中，制动系统发生故障不能自动加闸时，应进行手动加闸。

（7）自动停机时，待机组全停后，风闸自动解除。若水轮机导水叶漏水过大，机组有可能会缓慢转动起来，此时应该将风闸重新投入。

3.4.1.5 机组运行中的注意事项

（1）当运行机组发生异常振动、摆动时，值班人员应立即检查机组是否在振动区运行。如在振动区，应立即调整负荷，躲过振动区；若调整的负荷值与

给定值相差过大,调整后应立即汇报地调说明情况。

（2）运行机组各部温度不能超过正常值。

（3）电调电源重启前,如机组在运行则必须将调速器切换至手动状态运行;如机组在停机状态则必须检查风闸是否在解除状态,调速器机械开限是否在全关位置。

（4）压油装置工作正常,压力油泵工作及控制方式正常,压力油罐油压、油位在正常范围内,回油箱油位正常。

（5）转子已经被顶起过,气系统恢复正常,风闸退出。

（6）上导/推力轴承、下导轴承、水导轴承油槽油位正常。

（7）机组冷却水系统无异常,技术供水电动阀阀门全关,电源投入,控制回路正常。

（8）机组 LCU 显示机组正常可用。

3.4.2 运行操作

3.4.2.1 单台机组尾水管充水流程

（1）相关检修工作已全部结束,工作票全部收回并办理好结束手续,检查工作现场,确认无人工作,现场无遗留物,场地清洁。

（2）蝶阀全关,（液压和机械）锁定投入,旁通阀全关。

（3）蜗壳排水阀、尾水管排水阀全关。

（4）尾水管进人孔、蜗壳进人孔全关且封闭良好,顶盖排水正常。

（5）制动风闸投入,防止机组转动。

（6）调速系统正常,导水叶全关且液压锁定投入,防止导水叶转动。

（7）开启尾闸充水阀,待平压后,即可提起尾水闸门。

3.4.2.2 压力钢管充水流程

（1）相关检修工作已全部结束,工作票全部收回并办理好结束手续,检查工作现场,确认无人工作,现场无遗留物,场地清洁。

（2）3 台机组蜗壳排水阀、尾水排水阀全关。

（3）对 3 台机组尾水管进行充水,直到两边平压后提起尾水闸门并检查尾水闸门在全开位。

（4）制动风闸投入,防止机组转动。

（5）导水叶全关且液压锁定投入,防止导水叶转动。

（6）开启进水口检修闸门充水阀进行充水。

（7）监视机组流道内水压上升情况及检查各部分有无漏水。

（8）检查进水口检修闸门前后是否平压,具备开启检修闸门条件后,提起检修闸门。

3.4.2.3　压力钢管排水操作

1. 方法一

（1）进水口检修闸门全关,并做好防止闸门提升的安全措施。

（2）3 台机组蝶阀全关,旁通阀（电动和手动）全开。

（3）3 台机组技术供水已隔离。

（4）打开蜗壳排水阀,检查检修排水泵启动是否正常,打开尾水管排水阀,待尾闸两边平压后,落下尾水闸门。

（5）检查水位下降情况,确认蜗壳水位低于蜗壳进人孔后,方可开启蜗壳进人孔。

2. 方法二

（1）进水口检修闸门全关,并做好防止闸门提升的安全措施。

（2）3 台机组蝶阀全关,旁通阀（电动和手动）全开。

（3）3 台机组技术供水已隔离。

（4）活动导叶全关,并投入液压锁定,让压力钢管内的积水通过活动导叶缝隙慢慢排掉。

（5）关闭蜗壳排水阀,检查检修排水泵启动是否正常,打开尾水管排水阀,待尾闸两边平压后,落下尾水闸门。

（6）检查水位下降情况,确认蜗壳水位低于蜗壳进人孔后,方可开启蜗壳进人孔。

3. 方法三

（1）进水口检修闸门全关,并做好防止闸门提升的安全措施。

（2）3 台机组蝶阀全开,旁通阀（电动和手动）均在全关。

（3）3 台机组技术供水已隔离。

（4）活动导叶全关,并投入液压锁定,让压力钢管内的积水通过活动导叶的缝隙慢慢排掉。

（5）关闭蜗壳排水阀,检查检修排水泵启动是否正常,打开尾水管排水阀,待尾闸两边平压后,落下尾水闸门。

（6）检查水位下降情况,确认蜗壳水位低于蜗壳进人孔后,方可开启蜗壳进人孔。

3.4.2.4　单台机组尾水管排水操作

（1）蝶阀在全关位置且液压和机械锁定投入,旁通阀（电动和手动）关闭。

（2）机组技术供水已隔离。

（3）开启蜗壳排水阀,试启动检修排水泵是否正常,待尾闸两边平压后,落下尾水闸门。

（4）打开尾水管排水阀。

（5）检查水位下降情况直到排完为止,确认水位低于尾水管进人孔后,方可开启进人孔。

3.5 故障及事故处理

3.5.1 水导轴承故障

1. 现象

水导轴承油位异常,水导轴承油温/瓦温异常,水导轴承油混水报警。

2. 处理

（1）水导轴承油位高时,应检查水导轴承实际油位,有无严重甩油现象,外循环冷却装置及管路有无漏油,尽快停机处理加油。

（2）水导轴承油位高时,如果水导轴承温度也异常升高,应尽快联系地调停机处理。

（3）水导轴承油温或瓦温高时,应密切监视温度变化趋势,必要时联系调度转移负荷;应检查水导冷却系统是否正常,油位油质是否正常,同时还应注意机组的振动和摆动情况。

（4）上述故障跳机后,应及时通知 on-call 人员,未查明故障原因,禁止将机组投入运行。

（5）若系误动或传感器故障,经处理后,应尽快将机组恢复备用。

（6）若水导油位异常上升,应检查油面、油位,必要时抽样化验。若确系进水则应停机并查明进水原因,换油。

3.5.2 剪断销剪断

1. 现象

中控室计算机监控系统有"剪断销剪短"故障讯号及语音报警,机组 LCU B 柜"剪断销剪断"号灯亮。

2. 处理

（1）现场检查导叶摩擦装置是否错位,是否信号误动。

（2）若确认导叶摩擦装置已错位，需严密监视机组转动情况，将摆动及振动值控制在正常范围内。

（3）若导叶摩擦装置错位个数过多，引起机组强烈摆动及振动时，联系地调，停机，紧急关闭蝶阀并注意机组转速。

（4）汇报值长，联系 on-call 人员处理。

3.5.3　导水叶上、下轴套松动

1. 现象

（1）在水车室内有刺耳的金属敲动声。

（2）导叶有振动声。

（3）顶盖水位上升过快。

2. 处理

（1）如机组在运行过程中轴套发生松动，并有刺耳的敲动声，则停机进行处理。

（2）如果水位上升过快，则停机处理。

（3）定期检查导叶的上、下轴套，如发现轴套松动，则调整轴套位置并拧紧紧固螺栓。

3.5.4　事故低油压

（1）检查压油泵是否启动，是否打不上油。

（2）检查压油系统阀门管道是否有破裂甩油现象。

（3）若油压正常，油泵启动正常，则等油压正常后，在机组 LCU B 柜按下"复归—自保持"按钮。

第 4 章 ●

调速器系统

4.1 调速器系统概述

4.1.1 调速器系统的定义

调速器是实现对水轮机进行调节的关键部分。为保证水轮机的正常稳定运行,调速器可对水轮机的运转速度、水流量、功率等进行调节。

百色那比水力发电厂共 3 台机组,每台机组配有一套独立的数字式调速器,调速器型号为 BWT-PLC,由武汉四创自控技术公司生产。调速器为数字式微处理机控制的 PID 电液型,具有频率调节、开度调节和功率调节 3 种控制模式,根据需要可选择不同的控制模式。这种切换,一是通过操作终端上的触摸键或二次回路接点来完成,二是通过数字通信接口来完成。采用频率调节模式时,又分为跟踪频给和跟踪网频方式。使用跟踪网频方式运行时可实现机组频率跟踪电网频率,这样可以保证机组频率与电网频率相一致,便于并网。当采用功率调节模式时,PI 环节按功率偏差进行调节,实现机组有功功率恒定。对于功率给定,它一方面作用于 PI 环节,另一方面通过开环控制直接作用于输出,提高了功率增减速度。功率给定为数字量,适用于上位计算机给定。

4.1.2 水轮机调节的基本原理

调速器通过测频元件测量到水轮发电机组的转速信号,而后将测频元件和信号反馈元件送来的信号加以综合,并将综合信号放大后传送到调速器的执行元件(液压系统),调节和控制水轮机导水机构的运动,从而完成水轮机转速及输出功率的调控(图 4-1)。

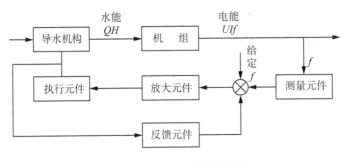

图 4-1　水轮机调节原理图

4.1.3　水轮机调速器的作用

(1)维持机组转速在额定转速附近,满足电网一次调频要求。

(2)完成调度下达的功率指令,调节水轮机的有功功率,满足电网二次调频要求。

(3)完成机组开机、停机、紧急停机等任务。

(4)执行计算机监控系统的调节及控制指令。

4.1.4　水轮机调节的任务

保证频率在规定范围内,根据电力系统负荷的变化不断调节水轮机发电机的有功输出,维持转速在规定范围内。

4.1.5　水轮机调速器系统的结构

水轮机调速器系统结构如图 4-2 所示。

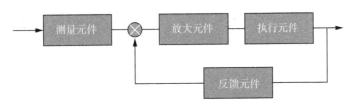

图 4-2　调速器系统结构图

（1）测量元件。其在调速器中主要测量机组转速，在微机调速器中则以硬、软件结合进行数字测频。百色那比水力发电厂的测频方式：测频模块由高性能 CPU 构成，完成频率的测量任务，电网频率通过通信总线传输给 PLC。

（2）综合元件。将测量元件、反馈元件送来的信号加以综合，并将综合后的信号作为调节信号输送给放大元件。

（3）放大元件。将综合元件送来的调节信号加以放大，以操作执行元件。由电路与液压部分联合完成。

（4）执行元件。根据放大后的调节信号，操作导水机构，改变导叶开度。由水轮机接力器完成。

（5）反馈元件。用于保证调节的适度性及稳定性。百色那比水力发电厂采用位移传感器完成。

4.2　调速器液压系统

调速系统主要由调速器电气柜和油压装置两部分组成。调速器电气柜包括步进电机微机调速器、转速测量装置及相关控制装置等。油压装置包括压油泵组、压力油罐、回油箱、主接力器及相关控制装置。

1. 调速器电气柜

数字式水轮机调速器硬件包括嵌入式的 PC 机和可编程控制器（PCC 系统）、操作终端（液晶触摸屏）、输出放大器和其他用于测量、信号隔离或转换等的元件。调速器有 3 种控制方式，即频率调节、开度调节、功率调节。在调速器操作终端上，可以输入频率、开度、开度限制、功率的设定值对机组进行控制。

（1）PID 控制器：调速器由一个基本型逻辑控制器控制，俗称九点控制器，根据偏差与偏差变化率实际运行状况抽象成 9 个工况点（强加、稍加、弱加、微加、保持、微减、弱减、稍减、强减 9 种工况），从而给出相应的控制策略进行有效的控制。

（2）转速测量装置：转速信号装置采用双通道测速，一路为取自机组 PT 的电气信号，另一路来自与齿盘结合使用的光电探头。在两种测频均正常的情况下，机组频率大于 20 Hz 时采用残压测频，机组频率小于或等于 20 Hz 时自动采用齿轮测频。当一路信号故障或消失断线时，系统自动采用另一组信号，并且发出报警信号，两路信号互为备用。

2. 调速器油压装置

油压装置为水轮机调速系统提供控制及操作压力油源,并具有自动稳定油压,自动补气,油压异常、油位异常、油泵故障、事故低油压报警等基本功能。它主要由回油箱、供油泵组、压力油罐、自动补气装置、漏油装置、电气控制柜及自动化元件组成。

(1) 接力器的油路由 2 个油过滤器、引导阀、紧急停机电磁阀、主配压阀、事故配压阀、主接力器、分段关闭阀、导叶锁锭装置及连接管路组成。控制油路中引导阀为防止卡塞,对油质要求较高,设置有双联过滤器。当接收到来自电气控制柜的控制信号后,在引导阀中转换成液压流量输出,直接作用于主配压阀的阀芯上,使主配阀芯随着电气信号的变化而上下移动。

(2) 导叶关闭规律:导叶分段关闭的目的是优化停机时的转速和水压脉动曲线(或满足调保计算要求)。本厂活动导叶的关闭规律为“分段关闭,先快后慢”。停机时,导水机构按可调速率关至空载开度,然后导叶关闭分为两个阶段,在第一阶段导叶以最大液压关闭速率关闭直到拐点;第二阶段从拐点(时间函数)开始以较低的速率关闭,直到导叶全关。

4.3　运行规定及操作

4.3.1　运行规定

百色那比水力发电厂调速系统正常运行时,调速器有“手动”和“自动”两种控制方式。其中,手动控制又分为“机手动”和“电手动”两种方式。正常情况下,调速器控制方式置于“自动”位置,根据调度给定跟踪系统频率自动调整机组所带负荷。

1. 自动

将电柜、机柜导叶控制方式都切至“自动”位置,由中控室或现地控制LCU 单元发令操作。

2. 手动

(1) 电手动:将电柜导叶控制方式切至“电手动”位置,机柜导叶控制方式切至“自动”位置,通过电柜调节按钮“增加/减少”控制导叶开度。

(2) 机手动:将机柜导叶控制方式都切至“手动”,通过操作机柜控制手轮调节导叶开度。

4.3.2 运行操作

（1）操作人员应熟识调速器设备操作程序。

（2）操作调速器必须按运行值班长的指令执行。

（3）操作前必须检查调速器的交/直流电源、油压装置、油泵控制方式、液压锁定及各阀门位置均正常。

（4）机组并网带有负荷的情况下调速器的导叶控制方式应在"自动"位置，非紧急必要情况不能强行投入紧急停机电磁阀。

（5）操作完毕后，认真做好运行记录。

4.4 故障及事故处理

4.4.1 压力油罐油压高

1. 现象

油压设备控制柜面板上"系统油压异常"光字牌亮，上位机报警。

2. 处理

（1）检查压力油罐油压是否确实高，同时检查油位是否正常。

（2）检查油泵是否已停，否则手动停止油泵。

（3）检查自动补气阀确已关闭，否则手动关闭。

（4）若油位正常，而油压高，则手动排气，恢复油压。

（5）若油位也高，则手动排油至正常油位，视情况补气或排气，恢复油压。

（6）若仍不能恢复至正常油压，及时通知检修处理。

4.4.2 压力油罐油压低

1. 现象

（1）油压设备自控柜面上"系统油压异常"光字牌亮，上位机报警。

（2）压力油罐油压降低至备用泵启动压力而备用泵没有启动。

2. 处理

（1）检查压力油罐油压是否确实低，同时检查油位是否正常。

（2）若油位高，而油压低，则手动补气，恢复油压。

（3）若油位、油压都低，则检查工作泵及备用泵是否启动，查明原因，手动启动油泵维持油压。

(4) 若油泵不能手动启动,应检查油泵是否故障,否则拉合其电源一次,再启动油泵。

(5) 若油泵在启动位置,观察卸荷阀和安全阀是否动作,或者油泵打不上油,或者油系统中有跑油、漏油处,查明原因,及时通知 on-call 处理。

(6) 检查处理过程中,注意维持油压,以避免造成油压过低保护动作关机。必要时,向调度申请换机运行或转移负荷。

4.4.3 压力油罐油位高

1. 现象

(1) 油压设备控制柜面板上"系统油位异常"光字牌亮,上位机报警。

(2) 油位高于补气阀动作油位。

2. 处理

(1) 检查油泵是否在运行打油,若是,应立即手动停止油泵打油。

(2) 开启压油罐手动排油阀,恢复压油罐正常油位。

(3) 在压油罐排油过程中,应注意油压的降低,及时手动补气升压。

(4) 通知 on-call 处理,及时恢复油泵的自动运行。

4.4.4 压力油罐油位低

1. 现象

(1) 油压设备控制柜面板上"系统油位异常"光字牌亮,上位机报警。

(2) 压力油罐油位低。

2. 处理

(1) 检查油压是否过高,若是,则检查自动补气装置是否停止补气,否则关闭自动气同时打开手动排气阀排气,恢复油位。

(2) 若油压正常,应打开手动排气阀排气,启动油泵,恢复油位。

(3) 处理过程中,防止油压过低引起低油压停机事故。

4.4.5 事故低油压保护动作

1. 现象

中控室计算机监控系统有事故讯号及语音报警,机组 LCU B 柜"事故低油压"信号灯亮。

2. 处理

(1) 检查机组事故停机动作情况,若未动,则紧急手动停机。

（2）检查进水蝶阀是否动作。

（3）检查压油泵是否启动、是否打不上油。

（4）检查调速系统油路阀门管道是否有破裂漏油现象。

（5）若压力油无法恢复，联系 on-call 处理，并检查机组压力钢管水压情况。

4.4.6　主配压阀拒动处理

（1）将调速器控制方式切至机手动。

（2）试调整负荷，若仍未动，可转移负荷。

（3）机组转速达到115％额定转速和调速器主配压阀拒动时，检查紧急停机阀是否动作。

（4）检查机组停机动作情况，若未动，则紧急停机。

（5）检查进水是否关闭，若未关闭，则紧急停机。

4.4.7　事故配压阀拒动处理

（1）当机组转速大于145％额定转速时，检查事故配压阀是否动作。

（2）检查机组停机动作情况，若未动，立即紧急停机。

（3）检查进水蝶阀是否全关，若未全关，立即紧急停机。

4.4.8　机组测频 PT 断线

1. 现象

机组 LCU A 柜上"PT 断线"报警。

2. 处理

（1）将调速器手动运行，监视其运行情况。

（2）检查机组测频 PT 保险是否熔断，若熔断，用同型号、同容量保险更换。

（3）若更换保险后继续熔断或不是上述原因引起，应及时通知 on-call 人员处理。

4.4.9　接力器抽动

1. 现象

（1）有功功率有摆动。

（2）接力器小范围来回动作。

（3）水轮机响声不均匀。

2．处理

（1）将调速器切至手动运行，观察接力器抽动情况。

（2）检查调速器电气柜有无异常，电网负荷是否变化较大，伺服阀动作是否异常。

（3）通知 on-call 人员处理。

4.4.10　调速器电源 DC/AC 丢失

1．现象

调速器电气柜 KCA 报警及上位机报警装置有调速器电源 DC/AC 丢失报警。

2．处理

（1）调速器切至手动运行。

（2）检查电源回路有没有短路现象。

（3）检查输入电源是否消失。

（4）检查电源匹配及电压是否正常。

（5）以上检查正常后，监视电源是否正常。

第 5 章 ●

励磁系统

5.1 励磁系统概述

5.1.1 励磁系统的定义

发电机是将旋转的机械能量转换成三相交流电能量的设备,为了完成这一转换,并满足系统运行的要求,除了需要原动机供给动能外,它本身还需要有可调的直流磁场,以适应运行工况的变化。产生这个可调磁场的直流励磁电流称为发电机的励磁电流,为发电机提供可调励磁电流的设备,构成发电机的励磁系统。

5.1.2 励磁系统的任务

发电机在正常运行或事故情况下,励磁系统都起着十分重要的作用。根据系统运行方面的要求,励磁系统应承担在正常运行条件下,供给发电机励磁电流,并根据发电机所带负荷的情况,相应地调整励磁电流,以维持发电机机端电压在给定水平上的任务。

(1) 使并列运行的各发电机组所带的无功功率得到稳定而合理的分配。

(2) 增加并入电网运行的发电机的阻尼转矩,以提高电力系统动态稳定性及输电线路的有功功率传输能力。

(3) 在电力系统发生短路故障,造成发电机机端电压严重下降时,强行励磁,将励磁电压迅速提高足够的顶值,以提高电力系统的稳定性。

（4）在发电机突然解列、甩负荷时，强行励磁，将励磁电流减到安全数值，以防止发电机电压过分升高。

（5）在发电机内部发生短路故障时，快速灭磁，将励磁电流迅速降至零值，以减小故障损坏程度。

（6）在不同运行工况下，根据要求对发电机实行过励磁限制和欠励磁限制等，以确保发电机机组安全稳定运行。

5.1.3　励磁系统的结构

百色那比水电厂励磁系统为双通道自并励系统，励磁方式为自并励静止晶闸管，利用可控硅整流器通过控制励磁电流来调节同步发电机的端电压与无功功率。整个系统分成 4 个主要的功能块：励磁变压器；两套相互独立的励磁调节器；可控硅整流单元；起励单元和灭磁单元。

（1）励磁电源取自发电机机端（断路器内侧），同步发电机的磁场电流经由励磁变压器、可控硅整流器、磁场断路器提供。励磁变压器将发电机端电压降低到可控硅整流器所要求的输入电压（188 V），经可控硅整流器将交流电流转换成受控的直流电流输出给转子建立磁场，从而实现控制机组的端电压及无功输出。

（2）励磁系统采用了两套相互独立的励磁调节器的全冗余结构，每套励磁调节器采用双通道结构，即自动电压调节通道和手动电流调节通道。一个自动电压通道主要由一个控制面板（COB）和测量单元板（MUB）构成，形成一个独立的处理系统。每个通道含有发电机端电压调节、磁场电流调节、励磁监测/保护功能和可编程逻辑控制的软件。在每个通道中，利用一个扩展门极控制器（EGC）的分离单元作为备用通道，也就是手动电流调节通道。

（3）机组起励建压正常情况下采用发电机端残压起励，残压起励不成功自动投入直流起励。并网后，励磁系统可以在 AVR 模式下工作，调节发电机的端电压和无功功率，可以接受电厂的成组调节指令。

（4）自动电压调节器（AVR）的主要目的是精确地控制和调节同步发电机的机端电压和无功功率。调节计算完全由软件实现，给定值及其上下限也是由软件实现。当过励限制器起作用时，它将把励磁减少到最大允许的值；而当欠励限制器起作用时，它将把励磁增加到所需要的最小值。

（5）电力系统稳定器（PSS）作用是通过引入一个附加的反馈信号，以抑制同步发电机的低频振荡，有助于整个电网的稳定性。

（6）灭磁设备的作用是将磁场回路断开并尽可能快地将磁场能量释放

掉。灭磁回路主要由磁场断路器 QE、灭磁电阻 R 和晶闸管跨接器 KPT（以及相关的触发元件）组成。

5.1.4 励磁系统设备参数

百色那比水力发电厂励磁系统各设备参数如表 5-1 所示。

表 5-1 设备参数表

励磁变压器			
型　式	树脂绝缘干式变压器，带金属封闭外壳		
产品型号	ZSC11 - 315/10	额定电压	ZSC11 - 315/10
额定容量	315 kVA	额定频率	50 Hz
绕组最高温升	100 K	冷却方式	AN/AF
报警值	110℃	跳闸值	130℃
磁场断路器（灭磁开关）			
制造商	ABB	型　号	SACE Emax E1
类　型	能量转移型	断口数量	四断口
额定电压	1 000 V	额定电流	800 A
电动储能最大电流	20 kA	操作电压	DC 220 V
可控硅功率整流桥			
整流桥支路数	2 个	整流柜数量	2 个
可控硅	2×6 组	可控硅保险	2×6 个
整流柜冷却方式	强迫风冷	单柜冷却风机数量	1 台
整流桥结线形式	三相全控	脉冲变压器耐压水平	
灭磁电阻			
型　式	ZnO 非线性	整组非线性系数	
机组正常运行时泄漏电流	<30 μA	灭磁时间	<400 ms
励磁系统的主要技术参数			
励磁方式	自并励静止可控硅整流励磁		
额定励磁电压	188 V	额定励磁电流	445 A
空载励磁电压	66 V	空载励磁电流	241.5 A
强励电压	339 V	强励电流	801 A

强励允许时间	16 s	PSS 有效频率范围	
机端 PT 变比	10.5 kV/100 V	机端 CT 变比	1 000/5
励磁变 CT 变比	800/5	控制电源	DC 220 V

5.2　运行方式及运行操作

5.2.1　运行方式

（1）励磁系统分为远方、现地两种控制方式。正常控制为远方控制方式。励磁系统的通信接口与计算机监控系统可进行数据交换,计算机监控系统与励磁系统优先采用硬布线连接,网络通信方式上送该系统的状态作为辅助方式。

（2）励磁系统采用了两套相互独立的励磁调节器,每套励磁调节器采用双通道结构,即自动电压调节通道和手动电流调节通道。一个自动电压通道主要由一个控制面板和测量单元构成,形成一个独立的处理系统。每个通道含有发电机端电压调节、磁场电流调节、励磁监测/保护功能和可编逻辑控制的软件。在每个通道中,利用一个扩展门极控制器的分离单元作为备用通道,也就是手动电流调节通道。

（3）两套励磁调节器 CH1、CH2 互为备用关系,在一套故障或者 PT 断线情况下自动切换到另一套运行,也可进行手动切换。

5.2.2　运行操作

5.2.2.1　励磁系统待投状态操作

（1）合上励磁 PT、仪表 PT 刀闸,合上系统 PT 刀闸,合上一次、二次保险。

（2）合上调节器屏交直流工作电源开关。

（3）断开功率屏交直流工作电源。

（4）断开灭磁开关。

5.2.2.2　励磁系统投入操作

（1）检查机组是否具备建压条件,各组 PT 保险是否都在投入位置。

（2）合上调节器交直流供电电源开关(待投状态此步省)。

（3）合上功率柜上的交流输入开关、直流输出开关（待投状态此步省）。

（4）合上功率柜上的脉冲放大交直流电源开关，合上风机电源开关，启动风机。

（5）合上灭磁开关。

（6）合上启励电源开关，按"启励"按钮，发电机升压至预设值。

（7）按"增磁"和"减磁"按钮，调整发电机电压至空载额定。

（8）机组并网后，在确认相关电量的大小、相位、相序和极性正确后，根据有功负荷和功率因数，用"增磁"和"减磁"按钮来调整发电机的无功负荷。

5.2.2.3 励磁系统退出操作

1. 正常退出励磁系统

（1）检查机组在解列状态。

（2）按"逆变灭磁"按钮，发电机逆变灭磁。

（3）跳开机组灭磁开关。

（4）断开功率柜上的脉冲放大交直流电源开关，断开风机电源开关。

（5）断开功率柜上的交流刀闸（开关）、直流刀闸（开关）。

（6）断开调节器交直流供电电源开关。

（7）励磁装置已完全退出运行。

2. 故障退出励磁系统

（1）发电机故障时联跳灭磁开关，机组事故灭磁。

（2）断开功率柜上的脉冲放大交直流电源开关，断开风机电源开关。

（3）断开功率柜上的交流刀闸（开关）、直流刀闸（开关）。

（4）断开调节器交直流供电电源开关。

5.2.2.4 机组励磁变压器由运行转检修

（1）机组电气隔离完毕。

（2）断开机组励磁变高压侧开关，对机组励磁变高压侧放电，并验电。

（3）测量机组励磁变高压侧绝缘电阻。

（4）对机组励磁变高压侧放电，并验电。

（5）在机组励磁变高压侧悬挂一组三相短路接地线。

（6）解开机组励磁变低压侧绕组出线。

（7）测量机组励磁变低压侧绝缘电阻。

（8）对机组励磁变低压侧放电。

（9）在机组励磁变低压侧悬挂一组三相短路接地线。

（10）并记录所挂接地线。

5.3 常见故障处理

1. 信号报警及处理

当励磁系统出现信号报警时,其常见处理方法如表 5-2 所示。

表 5-2 信号报警及处理表

指　示	含　义	处　理
PT 断线	励磁 PT 断线	按下"电流"方式键,"电流"方式运行;检查励磁 PT 及相关回路
	仪表 PT 断线	按下"电流"方式键,"电流"方式运行;检查仪表 PT 及相关回路
	在接入系统 PT 的情况下,励磁 PT、仪表 PT 同时断线,转"电流"方式运行	按下"电流"方式键,"电流"方式运行;检查励磁 PT、仪表 PT 及相关回路
顶值限制	强励动作,一般整定为 1ILe,小于等于 1.8ILe,允许强励时间小于等于 20 s	励磁电流小于设定值信号复归,可不处理,否则检修
过励限制	励磁电流在 1.1～1.8ILe 之间,反时限动作	励磁电流小于设定值后,信号延时 3 min 复归,可不处理,否则检修
低励磁限制	发电机进相运行时,当无功低于低励限制曲线	自动增励磁以增加无功,使其退出限制区,否则检修
系统无压	系统 PT 低于 85 V(二次)	检查系统 PT 及相关回路,或者系统 PT 没接入
V/F 限制	空载时发电机频率低于 45 Hz	检查励磁 PT、同步 PT 及相关回路
欠励保护	并网后,励磁电流小于设定值	检查励磁电流、测量回路及设置参数
排强投入(风机停转或快熔熔断)	当功率柜的该信号接入时具有排强功能;不接入无此信号	检查风机及熔断器

2. 故障排除

励磁系统常见的故障排除及解决方法如表 5-3 所示。

表 5-3 故障排除表

问　题	原　因	解决方法
风机停转	风机损坏和电源故障	更换风机,检查电源或者风机继电器
交/直流电源不正常	负载短路,输入开路;滤波电容短路,输出开路	检查相应部件,更换坏元件

续表

问　题	原　因	解决方法
脉冲灯指示	有无脉冲输出,脉冲灯坏,接线开路	用示波器观察波形,更换坏元件
初次并网,低励限制误动	发电机定子电流和励磁 PT 的相序不对	发电机励磁 PT 与 CT 严格按 A、B、C 相序接入
整流输出不受控	同步电压相序不对或脉冲顺序不对	用相序表(计)测量同步电压相序,并改正。此问题易在新机组和大修后的机组上出现,应特别注意。或校正脉冲接入顺序,并改正

第 6 章 ●
计算机监控系统

6.1 计算机监控系统概述

6.1.1 计算机监控系统的定义

电厂计算机监控系统对整个电厂所有主设备和辅助设备进行监视和控制,是生产运行和管理的中枢,需将检测到的数据集中起来进行分析处理,然后由中控室发出相应的控制命令,以满足电厂运行、检修的要求。电厂计算机监控系统采用开放分布式结构,系统按优先级分成现地控制级、电厂控制级。现地控制单元按对象分散,分成机组 LCU(3 台)、公用设备 LCU 等控制单元;电厂控制级按功能分布,分成主机站、操作员工作站、工程师站、通信处理机站。现地控制级可直接实现对相应机组、断路器等设备的控制。电厂控制级能将控制、调节命令发到各 LCU 实现对机组、断路器等设备的控制。

6.1.2 PLC 工作原理

PLC 的工作原理如图 6-1 所示。

6.1.3 监控系统基本功能

(1) 数据采集与处理,包括电气模拟量、非电气量、一般开关量、中断开关量(SOE)等。

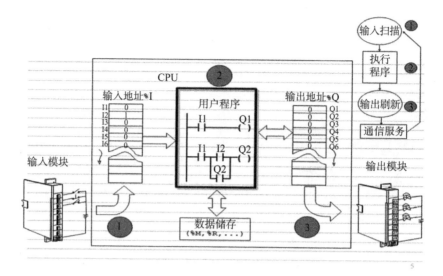

图 6-1 PLC 工作原理图

（2）系统实时数据库。

（3）安全监视，包括事件顺序记录、故障报警记录、参数越限报警及记录、操作记录、重要参量的变化趋势记录。

（4）电站经济运行，包括全厂运行方式设定，按给定负荷或负荷曲线运行，自动进行机组的启、停控制，有功功率自动调整。

（5）自动电压控制（AVC）。

（6）调度自动化。

（7）升压站设备投切顺序控制及闭锁。

（8）电站辅助设备的自动控制、自动转换。

（9）人机联系，即通过监视器、键盘、鼠标、打印机等输入/输出设备，实现对计算机监控设备本身的监视、控制操作，以及对生产过程的监视与操作。

（10）手动紧急操作功能。当计算机系统故障不能完成正常控制时，可手动紧急操作相关设备，以确保电站安全。

（11）生产报表、运行日记的定时打印、归档、贮存。

计算机监控系统本身的功能，包括系统内外的通信管理、自检与自诊断、冗余设备的切换、实时时钟管理等。

6.2 计算机监控系统的组成结构

6.2.1 监控系统结构组成

监控系统从结构上分为上位机系统、下位机系统、网络系统、公用系统。

（1）上位机系统：包含操作员工作站、通信工作站、工程师站、通信设备。

（2）下位机系统：包含主控制器、同期装置、交流采样装置、开入开出设备、电源、按钮指示灯。

（3）网络系统：包含交换机、路由器、防火墙、物理隔离装置等。

（4）公用系统：包含主控制器、同期装置、交流采样装置、计量装置等。

6.2.2 监控系统配置及功能

1. 操作员站2套

操作员站的功能包括图形显示、定值设定及变更工作方式等。运行值班人员通过彩色液晶显示器可以对电站设备运行状态做实时监视，取得所需的各种信息。电厂所有的操作控制都可以通过鼠标器及键盘实现。

2. 工程师工作站1套

工程师工作站兼操作员站用于系统维护和管理人员修改系统参数、修改定值，增加和修改数据库、画面和报表，并可做一些操作培训工作。主机兼操作员站配置声卡和语音软件，当被监控对象发生事故或故障时，可发出语音报警提醒运行人员。

3. 通信工作站1套

通信处理站完成与上级调度系统的通信接口，与厂内其他系统的通信接口。

6.2.3 监控系统体系结构

百色那比水力发电厂监控系统按照体系结构分为三部分（图6-2、图6-3）。

（1）厂站系统层监控设备（上位机）：实现数据汇总、厂站中控、画面显示、历史数据记录与查询等高级功能。

（2）网络设备：实现现地层设备与厂站系统层设备之间的数据交换。

（3）现地层监控设备（LCU）：实现数据采集与处理、现地控制、流程执行等功能。

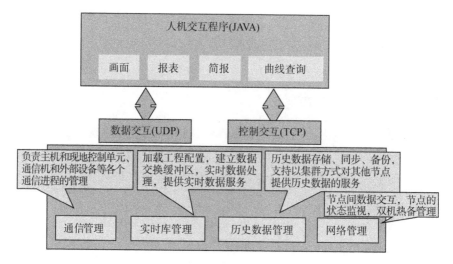

图 6-2 监控系统结构配置图

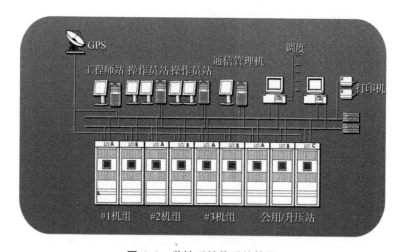

图 6-3 监控系统体系结构图

6.2.4 监控系统重要硬件

M580 CPU 的功能特性：在模块化 PAC 中，CPU 将控制和处理应用程序。本地机架可识别包含 CPU 的机架。除 CPU 外，本地机架还包含电源模块，且可能包含通信处理模块和输入/输出（I/O）模块。

1. CPU 的任务（图 6-4）

（1）配置 PAC 配置中存在的所有模块和设备。

（2）处理应用程序。

（3）在任务开始时读取输入并在任务结束时应用输出。

（4）管理显式和隐式通信。

1—LED 显示屏；2—Mini-B USB 接口；3-RJ45 以太网端口（服务端口）；4—RJ45 以太网端口（设备网络端口）；5—可选 SD 存储卡的插槽；6—底板的定位和接地连接；7—MAC 地址；8—底板的 X - 总线和以太网连接

图 6-4　机架结构示意图

2. LED 显示屏

CPU 前面板上的每个 LED 指示灯均具备独立的专用功能。LED 指示灯的不同组合均可提供诊断和故障排除信息，且无须连接 CPU。显示屏示意图如图 6-5 所示，显示情况对照如表 6-1 所示。

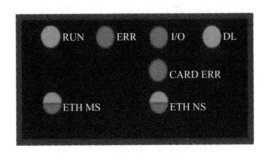

图 6-5　显示屏示意图

表 6-1　显示情况对照表

LED 指示灯	描述
RUN（运行）	CPU 处于运行状态
ERR（错误）	CPU 或系统发现错误状态

续表

LED指示灯	描述
I/O	I/O模块发现错误状态
DL	固件正处于下载状态中
CARD ERR(存储卡错误)	存储卡发现错误状态或存储应用程序一致性状态
ETH MS	MOD状态:以太网端口配置状态
ETH NS	网络状态:以太网连接状态

为充分利用新型 M580 以太网底板,M580 产品配置了一个新的适配器模块。BME CRA 312 10 的特性与现有的 BMX CRA 312 10(已用于 Quantum 以太网 I/O)相同,但另外涵盖了以太网模块支持,使基于以太网的新型 M580 模块、BME AHI 0812、BME AHO 0412 和 PME SWT 0100 能够部署于远程 I/O 子站。

通过以太网/IP 或 Modbus TCP 通信协议,BMX NOC 0402 以太网通信模块可作为 M580 PAC 和其他以太网网络设备之间的接口使用。

6.2.5　监控系统软件架构

监控系统软件架构如图 6-6 所示。

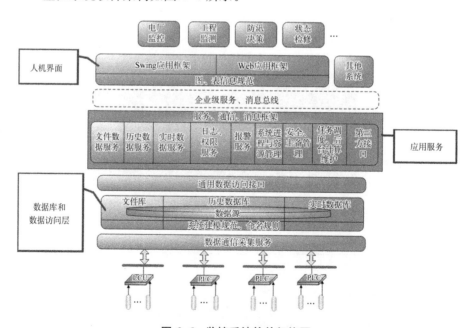

图 6-6　监控系统软件架构图

6.2.6 监控系统软件功能

监控系统软件主要功能如图 6-7 所示。

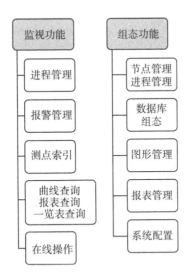

图 6-7 监控系统软件功能示意图

1. 监视功能:进程管理

(1) 节点资源信息监视和预警(图 6-8)

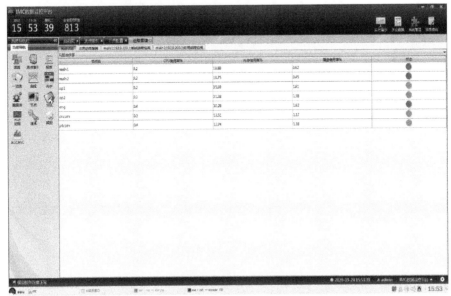

(a)

- 节点未工作
- 节点正常
- 节点进程异常
- 节点资源使用异常
- 节点进程异常且资源使用异常
- 节点关键进程未启动

（b）

图 6-8　监控系统节点资源信息监视和预警图

（2）节点系统进程信息的监视（图 6-9）

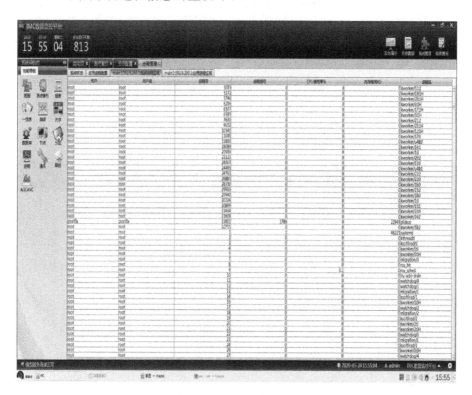

图 6-9　节点系统进程信息的监视示意图

（3）节点应用进程信息的监视（图 6-10）

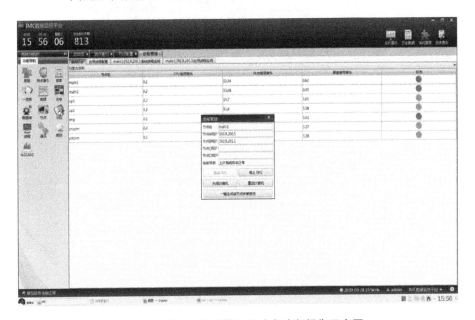

图 6-10 节点应用进程信息的监视示意图

（4）节点异常报警和生成自诊断报告（图 6-11）

图 6-11 节点异常报警和生成自诊断报告示意图

2. 监视功能:报警管理

(1) 简报窗口实时显示简报信息(图 6-12)

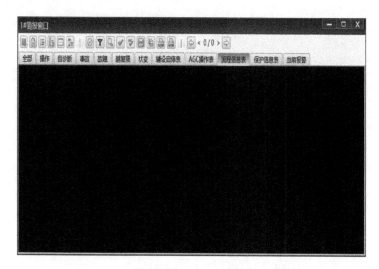

图 6-12　简报窗口实时显示简报信息示意图

(2) 事故光字(图 6-13)

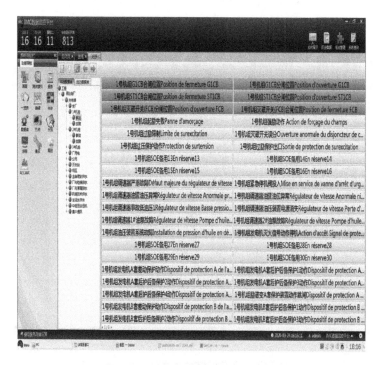

图 6-13　监控系统事故光字示意图

3. 监视功能:测点索引

实时显示测点当前信息,输入关键字搜索测点(图 6-14)。

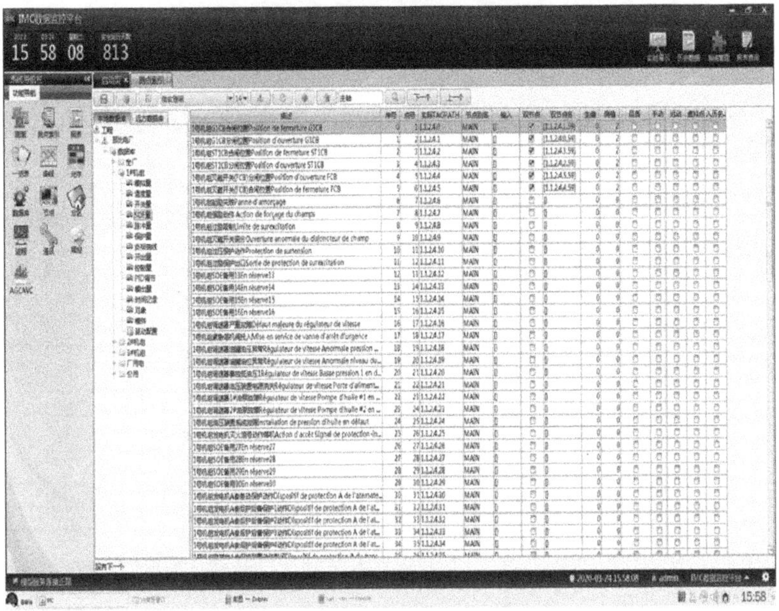

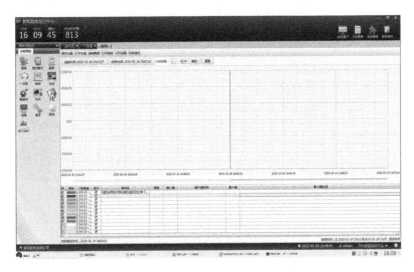

图 6-14 监控系统索引示意图

4. 监视功能:曲线查询

查询测点在设定时间段内的历史数据(图 6-15)。

图 6-15 监控系统历史曲线查询示意图

5. 监视功能:报表查询(图6-16)

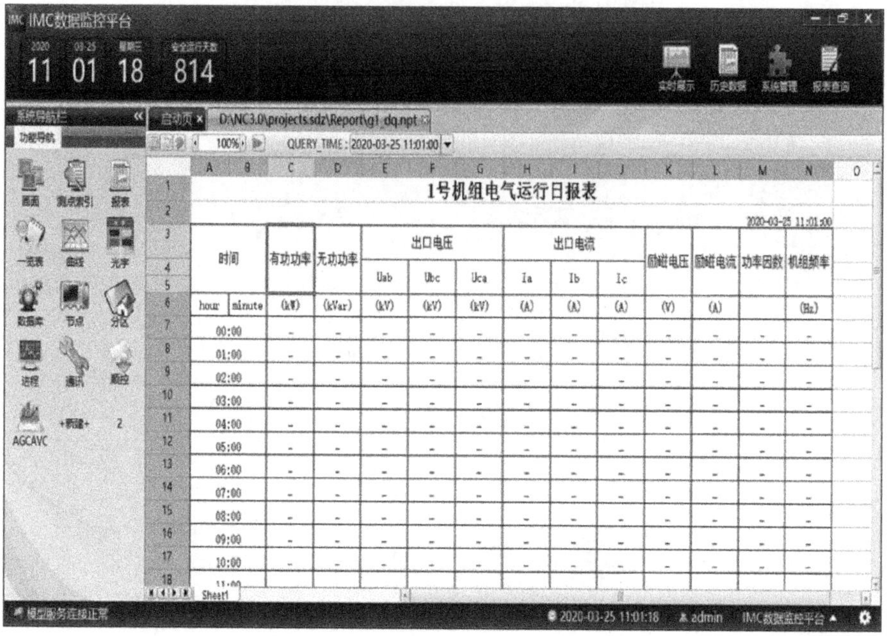

图6-16 监控系统报表查询示意图

6. 监视功能:一览表查询

按照一览表分类查询测点动作时间(图6-17)。

图6-17 监控系统一览表查询示意图

7．监视功能：在线操作

（1）操作控制：机组、断路器、隔刀等设备操作控制（图6-18）

图6-18　监控系统操作控制示意图

（2）设置数值：PID有/无功设值（图6-19）

图6-19　监控系统PID设值示意图

（3）设置状态（图6-20）

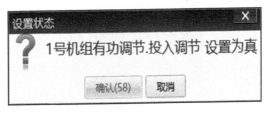

图6-20　系统软件机组状态设置示意图

6.3 计算机监控系统操作流程

6.3.1 电厂机组开机流程图(图 6-21)

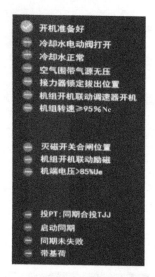

图 6-21 监控系统开机流程示意图

6.3.2 电厂机组停机流程图(图 6-22)

图 6-22 监控系统停机流程示意图

6.4　运行操作及故障处理

6.4.1　运行方式

运行人员只允许完成对电厂设备运行监视、控制、调节的操作,不得修改或测试各种应用软件。

电厂的控制方式,以操作员工作站控制为主、以现地 LCU 控制为辅。

LCU 设备正常运行时禁止人为切断交、直流电源,不得任意按 LCU 的复位按钮,只有在确认报警信息并记录后方可复归。

机组事故停机后重新开机前,应先对 LCU 事故信号进行复归。

厂用电倒换后,应注意检查交、直流电源开关是否正常,若断开应及时合上,避免 PLC 装置蓄电池能量耗尽。

运行值班人员在操作员工作站进行操作时应遵循下列规定:

(1) 操作前,首先调用有关控制对象的画面,进行对象选择。在画面上,所选择的被控对象应有显示反映,在确认选择的目标无误后,方可执行有关操作。

(2) 同一操作项不允许在中控室的两个操作员工作站上同时操作。

(3) 控制、操作应严格履行操作票制度。

机组运行时,运行值班人员应通过计算机监控系统监视机组的运行情况,机组不得超过额定参数运行。出现报警及信号时,运行值班人员应及时进行调整及处理。

计算机监控系统所采集的数据正常应在报警使能状态。禁止屏蔽任何测点。

当值班人员发现机组 LCU 与上位机连接状态为离线时,应立即报告当值值班长。

特殊情况下,如系统失电等,运行人员应及时启动电脑主机,并通知 on-call 值长。

启动顺控时,在顺控未做完之前,不得按顺控窗口上的退出键。

运行值班人员应及时确认报警信息,严禁无故将报警画面及语音报警装置关掉或将报警音量调得过小。

6.4.2 运行操作

1. 机组在"停机"状态下时,发电机自动开机流程

(1) 开机准备好。

(2) 冷却水电动阀打开。

(3) 冷却水正常。

(4) 空气围带气源无压。

(5) 接力器锁定拔出位置。

(6) 机组开机联动调速器开机。

(7) 机组转速≥85%额定转速。

(8) 灭磁开关合闸位置。

(9) 机组转速>95%额定转速。

(10) 投 PT:同期合投 TJJ。

(11) 启动同期。

(12) 同期未失败。

(13) 带基荷。

2. 发电机组正常自动停机流程

(1) 降负荷。

(2) $P<0.5;Q<0.5$。

(3) 跳发电机出口断路器。

(4) 机组停机联动逆变灭磁。

(5) 机端电压<10%额定电压。

(6) 机组停机联动调速器停机。

(7) 导叶全关位置。

(8) 机组转速≤25%额定转速。

(9) 制动器投入。

(10) 机组转速≤5%Ne。

(11) 投接力器锁定。

(12) 制动复归电磁阀开启。

(13) 冷却水电动阀关闭。

(14) 冷却水中断。

3. 发电机组事故停机流程

(1) 当机组转速升至106%以上额定转速,遇调速器拒动,经延时过速保

护电磁阀动作,动作情况:机组过速限制器动作,导叶关闭。同时事故停机继电器动作、停机继电器动作,以下同正常停机操作程序。

（2）当机组油压装置事故低压,机组轴承温度过高,导轴承油箱油位过低,轴承冷却水中断,延时超过 5 min,顶盖水位偏高,动作情况:事故停机继电器动作、停机继电器动作,以下同正常停机操作程序。

（3）当系统电器事故时,动作情况:发电机断路器跳闸、励磁跳闸、事故停机继电器动作、停机继电器动作,以下同正常停机操作程序。

4. 发电机紧急事故停机流程

（1）事故停机过程中,导叶摩擦装置错位;当机组转速升到140％额定转速时,按动紧急停机按钮;运行时空气围带充气,动作情况:紧急事故停机继电器动作、调速系统过速限制器动作、进水口阀门关闭继电器动作、事故停机继电器动作、停机继电器动作,以下同正常停机操作程序。

（2）当机组转速升至153％额定转速时,机械过速保护开关动作,直接关阀门,紧急事故停机继电器动作、调速系统过速限制器动作、进水口阀门关闭继电器动作、事故停机继电器动作、停机继电器动作,以下同正常停机操作程序。

5. 机组运行所需检查的画面

（1）简报信息一览表。

（2）水力机械测量参数。

（3）机组测点温度画面。

（4）开机过程或停机过程监视图。

（5）报警一览表。

（6）设备故障信息画面。

6. 机组备用所需检查的画面

（1）机组状态信号。

（2）调速器压力油罐压力值。

（3）报警一览表。

6.4.3　常见故障处理

6.4.3.1　两个操作员工作站死机

1. 现象

控制室两个控制台光标均不可移动,有时控制台画面消失无任何显示。

2. 处理

（1）重启操作员工作站。

（2）到现地控制盘柜检查机组工作是否正常，若不正常，则把控制权切回现地控制。

（3）通知 on-call 人员检查。

6.4.3.2　一个操作员工作站死机

1. 现象

中控室一个工作站光标不可移动，另一个运行正常。

2. 处理

重启发生故障的操作员工作站并及时通知自动化人员处理。

6.4.3.3　LCU 的 PLC 故障

当 LCU 柜内 PLC 发生故障时，应第一时间通知 on-call 人员处理，并现地实时监视故障机组运行情况。

6.4.3.4　监控系统失电

若上位机失电，应立即到现地 LCU 监视、控制机组；若 LCU 失电，应在机旁仪表盘监视机组状态，在励磁和调速器盘柜上控制机组，确认失电原因后尽快恢复 LCU 的供电。

6.4.3.5　误操作

操作过程中，如发生与软件设计不对应的错误操作时，应及时暂停上位机操作，检查各测点是否运行正常，监视机组运行状态，通知 on-call 人员进行处理。

6.4.3.6　自动准同期装置出问题

此时应立即退出自动准同期，投入手动准同期，手动调节机端电压、频率，使之与系统相等，当同步表指针转到正负 20°时，手动合闸并列。

第 7 章 ●
保护系统

7.1 发电机保护

7.1.1 发电机保护的组成

1. 发电机横差保护

发电机横差保护的作用是保护发电机定子绕组匝间短路。横差保护适用于具有多分支的定子绕组及有两个以上中性点引出端子的发电机。该保护能反映定子绕组匝间短路、分支线棒开焊及机内绕组相间短路。

在定子绕组引出线或中性点附近相间短路时,两中性点连线中的电流较小,横差保护可能不动作,出现死区可达 15%～20%,因此不能取代纵差保护。

2. 发电机纵差保护

发电机完全纵差保护的作用是发电机定子绕组及其引出线的相间短路故障的主保护,但不能反映定子绕组的匝间短路及线棒开焊。不完全纵差保护除保护定子绕组及其引出线的相间短路故障之外,也能反映定子线棒开焊及某些匝间短路。

3. 发电机 95% 定子接地保护

发电机定子绕组对地绝缘损坏就会发生接地故障,这是定子绕组最常见的电气故障。定子绕组单相接地的危害主要是流过故障点的电流产生电弧可能烧坏定子铁芯,进一步造成匝间短路或相间短路。利用基波零序电压的发电机定子接地保护有不足之处,只能保护发电机85%～95%的定子绕组单相接地,也因此被称为发电机95%定子接地保护。

4. 发电机100%定子接地保护

发电机100%定子绕组的接地保护由两部分组成。一部分是由接在发电机出线端的电压互感器的开口三角线圈侧,反映零序电压而动作的保护,它可以保护85%～90%定子绕组。第二部分是利用比较发电机中性点和出线端的三次谐波电压绝对值大小而构成的保护。正常运行时,发电机中性点的三次谐波电压比发电机出线端的三次谐波电压大,而在发电机内部定子接地故障时,出线端的三次谐波电压比中性点的三次谐波电压大。发电机出口的三次谐波电压作为动作量,而中性点的三次谐波电压为制动量。当发电机出口三次谐波电压大于中性点三次谐波电压时,继电器动作发出接地信号或跳闸。

5. 发电机转子接地保护

发电机正常运行时,转子电压(直流电压)仅有几百伏,且转子绕组及励磁系统对地是绝缘的。因此,当转子绕组或励磁回路发生一点接地时,不会对发电机构成危害。但是,当发电机转子绕组出现不同位置的两点接地或匝间短路时,很大的短路电流可能烧伤转子本体。另外,由于部分转子绕组被短路,使气隙磁场不均匀或发生畸变,从而使电磁转矩不均匀并造成发电机振动,损坏发电机。

为确保发电机组的安全运行,当发电机转子绕组或励磁回路发生一点接地后,应立即发出信号,告知运行人员进行处理;若发生两点接地时,应立即切除发电机。因此,对发电机组装设转子一点接地保护和转子两点接地保护是非常必要的。

6. 发电机相间后备保护

发电机相间后备保护是当主保护退出运行或失灵和拒动时仍能反映故障而动作于有关断路器和自动装置的继电保护,主要有复合电流速断保护、阻抗保护、复合电压启动的方向过流保护等。

7. 发电机定子过负荷保护

作为发电机过负荷或外部故障引起的发电机定子绕组过电流的保护,定子过负荷保护反映发电机定子绕组的平均发热状况,保护动作量同时取发电机机端、中性点定子电流。

8. 发电机负序过负荷保护

发电机不对称故障和不对称运行时,负序电流引起发电机转子表层过热,超过规定值的限度,对转子会造成损伤。保护动作量取机端、中性点的负序电流,因此发电机承受负序电流的能力,就构成和整定负序电流保护的依据,此保护可兼做系统不对称故障的后备保护。

9. 发电机失磁保护

发电机的励磁突然消失或部分消失,当发电机完全失去励磁时,励磁电流将逐渐衰减至零。由于发电机的感应电势 Ed 随着励磁电流的减小而减小,因此,其励磁转矩也将小于原动机的转矩,引起转子加速,使发电机的功角 δ 增大。当 δ 超过静态稳定极限角时,发电机与系统失去同步,此时发电机保护装置动作于发电机出口断路器,使发电机脱离电网,防止发电机损坏和保护电网稳定运行,这种保护叫失磁保护。

10. 发电机过电压保护

发电机过电压保护是一套防止输出端电压升高而使发电机绝缘受到损害的继电保护。当运行的发电机突然甩负荷或者带时限切除发电机较近的外部故障时,由于转子旋转速度增加以及强行励磁装置动作等原因,发电机机端电压升高从而损坏发电机绝缘。

11. 发电机励磁后备保护

发电机励磁绕组过负荷(过电流),用于保护转子绕组及作为励磁后备保护,保护动作量取励磁变电流。

12. 发电机失步保护

同步发电机正常运行时,定子磁极和转子磁极之间可看成有弹性的磁力线联系。当负载增加时,功角将增大,这相当于把磁力线拉长;当负载减小时,功角将减小,这相当于磁力线缩短。当负载突然变化时,由于转子有惯性,转子功角不能立即稳定在新的数值,而是在新的稳定值左右经过若干次摆动,这种现象被称为同步发电机的振荡。

振荡有两种类型:一种是振荡的幅度越来越小,功角的摆动逐渐衰减,最后稳定在某一新的功角下,仍以同步转速稳定运行,称为同步振荡;另一种是振荡的幅度越来越大,功角不断增大,直至脱出稳定范围,使发电机失步,发电机进入异步运行,称为非同步振荡。

发电机失步保护反映发电机机端测量阻抗的变化轨迹,能可靠躲过系统短路和稳定振荡,并能在失步摇摆过程中区分加速失步和减速失步。

13. 发电机过励磁保护

当系统发生励磁故障时,防止发电机因过热而导致绝缘老化等问题,降低发电机的使用寿命。

14. 发电机逆功率保护

发电机的功率方向应该为由发电机流向母线,但是当发电机失磁或由于其他某种原因,发电机有可能变为电动机运行,即从系统中吸取有功功率,这就是逆功率。当逆功率达到一定值时,发电机的保护动作,或动作于发信号,或动作于跳闸。

15. 发电机频率保护

发电机运行中允许其频率变化的范围为 47~51 Hz。低于 49 Hz 时,低频Ⅰ段保护信号报警;低于 47 Hz 时,低频Ⅱ段保护动作跳闸;高于 51 Hz 时,过频保护动作跳闸。

16. 发电机大轴接地保护

发电机大轴一端接地,一端与轴承底座绝缘,大轴上不允许出现任何形式的第二点接地。由于发电机定子磁场不可能绝对均匀等原因,在发电机转子上便会产生几伏或更高的电势差。由于发电机转子和轴承、大地所构成的回路阻抗很小,就可能形成很大的轴电流。为阻止该电流的形成,在发电机励磁机侧所有轴承下垫装了绝缘片,把轴电流通路隔断。同时,为了保证大轴与地同电位,应该在发电机装设大轴接地碳刷。发电机轴电流密度超过允许值,发电机转轴轴颈的滑动表面和轴瓦就会被损坏,为此需装设发电机轴电流保护。

17. 发电机励磁装置故障

水轮发电机的安全性及稳定性将直接影响整个供电系统正常稳定运行,为保证整个系统安全、经济并且提供优质电力能源,控制水轮发电机安全性成为至关重要的条件之一,其中励磁装置起到至关重要的作用,这是一种较为复杂的供电保护装置。

18. 发电机水力机械保护

发电机水力机械保护在水力发电设备全部保护中占有十分重要的地位。保护装置的正确管理,对提高设备的健康水平、保证设备安全可靠运行有着重要意义。可分为以下几种情况。

(1) 发电机逸速保护:逸速保护就是机组的超速保护,常常发生在发电机甩掉全部负载时,调速器系统动作失灵,导叶不能正常关闭的情况下,是防止发电转动部件因离心力的增加造成破坏的保护。

(2) 轴承温度保护:保护轴瓦温度升高后不烧损。

(3) 技术供水管路系统压力异常保护:这是把电气接点压力表安装在总供水过滤器后面,用来监视供水压力变化的保护。

（4）机组油系统保护：调速器低油压保护，保证油压在正常范围内，保证水轮机导叶关闭的可靠性。

7.1.2　发电机保护配置（表7-1）

表7-1　发电机保护配置表

设备名称	保护名称	整定值	出口硬压板	保护范围	动作后果
发电机保护	纵联差动保护	$I_d=0.2Ie$ $K_{dl1}=0.05$ $K_{dl2}=0.5$ $I_g=6.0Ie$ $Ic_{dqd}=0.15Ie$ $Ic_{dsd}=6.0Ie$	B柜1LP2	作为发电机定子绕组及其引出线的相间短路故障的主保护	①停机；②发事故信号，跳灭磁开关、出口断路器
	100%定子绕组一点接地保护	$U_{0zd}=10.00$ V $T_0=1.00$ s	B柜2LP4	作为发电机定子绕组单相接地故障保护	第一时限：发故障信号 第二时限：①停机；②发事故信号
	复压过流保护	$U=-73.5$ V $I_g=3.77$ A $T_g=3.3$ s	B柜2LP3	作为发电机外部相间短路故障和发电机主保护的后备保护	第一时限：①解列；②发事故信号 第二时限：①停机；②发事故信号
	定子绕组电压保护	$U=140$ V $T=0.3$ s $U_1=80$ V $T=10$ s	B柜2LP6	作为发电机定子绕组电压异常保护	跳出口断路器、灭磁开关
	定子绕组过负荷保护	$I=3.23$ A $T=5.00$ s	B柜1LP9	作为发电机过负荷引起的发电机定子绕组过电流的保护	定时限：发预告信号；反时限：解列灭磁
	励磁变过流保护	$I=6.0$ A $T=5.00$ s	B柜1LP6	作为对发电机励磁系统故障或强励时间过长引起的励磁绕组过负荷的保护	发预告信号
	失磁保护	$Z_1=3.29$ Ω $Z_2=28.74$ Ω $U_d=84.00$ V	B柜2LP5	作为发电机励磁电流异常下降或完全消失的失磁故障保护	Ⅰ段动作结果为报警，转换为备用励磁；Ⅱ段动作结果为跳闸
	转子低电压保护	$U=33.0$ V	B柜LP12	作为励磁变保护	①解列灭磁；②发事故信号
	逆功率保护	$P\%=2.00\%$ $T=5.00$ s	B柜2LP8	作为发电机从系统吸收有功功率的保护	第一时限：发故障信号 第二时限：①停机；②发事故信号

续表

设备名称	保护名称	整定值	出口硬压板	保护范围	动作后果
发电机保护	非电量保护	$T=110℃$	B柜 1LP8	指由非电气量反映的故障动作或发信的保护	跳发电机出口断路器、停机并发事故信号
	转子一点接地保护	$R=20.00\ k\Omega$ $T=5.00\ s$	B柜 1LP4	反映的是发电机转子对大轴绝缘电阻的下降	跳发电机出口断路器、停机并发事故信号
	发电机过负荷保护	$I=3.23\ A$ $T=5.00\ s$	B柜 1LP3	由于外部短路或单相负荷、非全相运行都会引起发电机对称过负荷或者非对称过负荷	定时限过负荷报警；定时限跳断路器、停机并发事故信号
	频率保护	$F_1=49\ Hz$ $T_1=5\ s$ $F_2=47\ Hz$ $T_2=1.5\ s$ $F_3=51\ Hz$ $T_3=0.2\ s$	B柜 2LP9	允许其频率在一定的变化范围,低于时再运行到定值时,起保护作用	①跳发电机出口断路器; ②发报警信号

7.1.3 运行操作及规定

7.1.3.1 运行规定

1. 新投运、检修、技改后的保护装置

投运前,保护专业人员必须做出详细的书面交代,预先将有关图纸、资料交运行人员熟悉掌握,并注明可以投入,经由当值人员验收方可投入运行。

2. 定值通知单

(1)继电保护定值通知单是运行现场调整定值的书面依据,中调管辖的保护装置的定值按中调下达的定值通知单执行。定值整定试验完毕后,经生产部门同意,方可投入运行。

(2)运行方案临时变动,保护专业编制相应的临时定值单,中调管辖的设备按中调值班调度员的指令执行。运行方式恢复时,临时定值单即行作废。

(3)定值单应注明所使用电压、电流互感器变比,应注意与现场相一致。

3. 保护装置的退出

地调管辖的保护装置作业退出时,必须得到调度员的许可,由运行值班长接令后执行,且应做好详细记录,具体为记清楚时间及发令人、发电机组保护的投入或退出应按生产部门命令执行。

4. 检修作业完成后的处理事项

继电保护及自动化装置检修作业完毕,工作负责人应详细、正确填写好继电保护作业交代本,并向当值人员交代,值班人员与检修人员一起进行如下检查:

(1) 检查在试验中连接的临时接线是否全部拆除。

(2) 检查作业中所断开和短接的线头是否全部恢复。

(3) 工作场所是否清理完毕,有无遗留工具。

(4) 交代清楚后,由当值值长在交代本上签名后方能办理工作票结束手续。

7.1.3.2　运行操作

1. 继电保护装置的投运操作步骤

(1) 全面检查盘柜、接线端子接触情况,确认无异常现象。

(2) 投上交、直流电源。

(3) 确认相应电源指示灯亮;保护装置无异常信号发出。

(4) 投入保护装置保护投入压板,确认相应保护投入指示灯亮。

(5) 根据需要测量保护出口压板两端无压后,投入保护出口压板。

2. 继电保护装置的退出运行操作步骤

(1) 一般情况将其中某保护退出,只需退出其保护压板,确认对应保护投入指示灯熄。

(2) 整套保护装置退出时,则退出保护所有出口压板。

(3) 退出保护所有出口压板,确认对应保护投入指示灯熄。

(4) 根据需要拉开交、直流电源。

7.2　主变压器保护

7.2.1　主变压器保护的组成

1. 主变差动保护

差动保护是利用基尔霍夫电流定理工作的,当变压器正常工作或区外故障时,将其看作理想变压器,则流入变压器的电流和流出电流(折算后的电流)相等,差动继电器不动作。当变压器内部故障时,两侧(或三侧)向故障点提供短路电流,差动保护感受到的二次电流的和正比于故障点电流,差动继电器动作。

差动保护原理简单、使用电气量单纯、保护范围明确、动作不需延时,是防止变压器内部故障的主保护。

2. 主变高压侧复压方向过流保护

作为变压器本身或相邻元件相间短路引起的过电流的后备保护。

3. 主变高压侧零序方向过流保护

变压器因其绝缘水平和接地方式的不同,所配置的接地短路后备保护也不同。对于全绝缘变压器,中性点装设接地隔离刀闸和避雷器,隔离刀闸闭合为中性点直接接地方式,隔离刀闸断开为中性点不接地运行方式。中性点直接接地运行时用零序过流保护,中性点不接地运行时用零序过压保护。

4. 主变高压侧间隙零序保护

零序过流保护,主要作为变压器中性点接地运行时接地故障后备保护。变压器本身发生过电压时,就会由间隙保护实现对变压器的保护。原理就是电压击穿,在一定的电压下间隙会被击穿,把电压引向大地。

5. 主变高压侧断路器失灵保护

当主变系统发生故障,主变差动保护或者后备保护动作,都应该启动主变高压侧断路器失灵保护。当主变高压侧断路器确已失灵,则失灵保护一方面动作跳开主变高压侧断路器所在母线所有电源支路,另一方面动作联跳主变其他侧电源开关。

6. 主变非全相保护

非全相保护提供断路器非全相运行的保护。电力系统在运行时,由于各种原因,断路器三相可能断开一相或者两相,造成非全相运行。如果系统采用单重或者综重方式,在等待重合期间,系统也要处于非全相运行状态。

7. 厂高变高压侧限时速断

厂用变压器的内部故障主要有绕组的匝间短路和单相接地以及高低压侧线圈击穿性故障和铁芯损坏等。为切除故障,常设厂高变高压侧限时速断,作为高厂变的后备保护。

8. 厂高变高压侧复压过流

厂高变高压侧复压过流保护作为变压器相间故障的后备保护。

9. 主变轻瓦斯保护

瓦斯保护是变压器的主要保护,能有效地反映变压器的内部故障。轻瓦斯是由于气体聚集在朝下的开口杯内使开口杯在变压器油浮力的作用下,上浮接通继电器,发出报警,反映变压器内故障轻微,变压器油受热分解产生了气体。轻瓦斯只发告警信号,不跳闸。

10. 主变重瓦斯保护

重瓦斯是由于变压器内有严重的故障,使变压器油受热迅速膨胀冲向油枕时,重瓦斯内挡板被冲开一定角度,接通继电器,产生信号。重瓦斯动作跳开主变高低压侧断路器。

7.2.2 主变压器保护配置(表7-2)

表7-2 主变保护定值表

设备名称	保护名称	整定值	出口硬压板	保护范围	动作后果
#1主变保护	变压器纵联差动保护	$I_d=0.3e$ $K_{dl1}=0.1$ $K_{dl2}=0.5$ $Ic_{dqd}=0.15Ie$ $Ic_{dsd}=6.0Ie$ $K_{dr}=0.15$	1LP1	作为变压器内部和引出线相间短路故障的主保护	跳高压侧断路器,低压侧#1机出口断路器,#2机出口断路器,#1厂变高压侧,生活区出线断路器
	高压侧相间后备保护	$U_0=4.00$ V $U_d=70.00$ V $I_1=3.35$ A $T_1=2.8$ s $I_2=2.93$ A $T_2=3.8$ s	1LP2	作为变压器外部相间短路引起的过电流的保护	跳高压侧断路器,低压侧#1机出口断路器、#2机出口断路器、#1厂变高压侧,生活区出线断路器;跳#1机灭磁开关、#2机灭磁开关
	变压器110kV侧零序电流保护	$I_1=2.5$ A $T=4.5$ s $I_2=100$ A $T_2=10$ s	1LP3	作为变压器外部单相接地短路引起的过电流的保护	跳高压侧断路器,低压侧#1机出口断路器,#2机出口断路器,#1厂变高压侧,生活区出线断路器;跳#1机灭磁开关、#2机灭磁开关
	变压器110kV侧中性点间隙零序电流电压保护	$U=100$ V	1LP4	作为变压器外部单相接地短路引起的过电流的保护	①跳变压器220 kV侧断路器;②发事故信号
	过负荷保护	$I=1.3$ A $T=3.8$ s		作为变压器过负荷引起的过电流	发预告信号
	本体重瓦斯保护		4LP1	主变内有分解出的气体的测量的一种保护	跳高压侧断路器,低压侧#1机出口断路器、#2机出口断路器、#1厂变高压侧,生活区出线断路器;跳#1机灭磁开关、#2机灭磁开关

设备名称	保护名称	整定值	出口硬压板	保护范围	动作后果
#1主变保护	油面油温过高	$T=85℃$	4LP2		跳高压侧断路器,低压侧#1机出口断路器、#2机出口断路器、#1厂变高压侧,生活区出线断路器;跳#1机灭磁开关、#2机灭磁开关
	绕组温度过高	$T=80℃$	4LP4		跳变压器各侧断路器并发事故信号
	压力释放	73 kPa	4LP3		一对用于发预告信号,另一对用于跳高压侧断路器及相应断路器并发事故信号
	冷空机失电		4LP5	失电	发预告信号
#2主变保护	变压器纵联差动保护	$I_d=0.3Ie$ $K_{dl1}=0.1$ $K_{dl2}=0.7$ $Ic_{dqd}=0.15Ie$ $Ic_{dsd}=7.0Ie$ $K_{dr}=0.15$	1LP1	作为变压器内部和引出线相间短路故障的主保护	跳高压侧断路器、低压侧#3机出口断路器、#2厂变高压侧,跳#3机灭磁开关
	高压侧相间后备保护	$U_0=4.00$ V $U_d=70.00$ V $I_1=1.49$ A $T=2.8$ s	1LP2	作为变压器外部相间短路引起的过电流的保护	跳高压侧断路器、低压侧#3机出口断路器、#2厂变高压侧,跳#3机灭磁开关
	变压器110kV侧零序电流保护	$I=5A$ $T=4.5$ s	1LP3	作为变压器外部单相接地短路引起的过电流的保护	跳高压侧断路器、低压侧#3机出口断路器、#2厂变高压侧,跳#3机灭磁开关
	变压器110kV侧中性点间隙零序电流电压保护	$U=180$ V	1LP4	作为变压器外部单相接地短路引起的过电流的保护	①跳变压器110 kV侧断路器;②发事故信号
	过负荷保护	$I=1.3$ A $T=3.8$ s		作为变压器过负荷引起的过电流	发预告信号
	本体重瓦斯保护		4LP1	主变内有分解出的气体的测量的一种保护	跳高压侧断路器、低压侧#3机出口断路器、#2厂变高压侧,跳#3机灭磁开关

续表

设备名称	保护名称	整定值	出口硬压板	保护范围	动作后果
#2主变保护	油面油温过高	$T=85℃$	4LP2		跳高压侧断路器、低压侧#3机出口断路器、#2厂变高压侧，跳#3机灭磁开关
	绕组温度过高	$T=80℃$	4LP4		跳高压侧断路器、低压侧#3机出口断路器、#2厂变进线断路器，跳#3机灭磁开关
	压力释放	73 kPa	4LP3		一对用于发预告信号，跳高压侧断路器、低压侧#3机出口断路器、#2厂变进线断路器，跳#3机灭磁开关
	冷却风机失电		4LP5	失电	发预告信号

7.2.3　运行操作及规定

7.2.3.1　运行规定

1. 新投运、检修、技改后的保护装置

投运前，保护专业人员必须做出详细的书面交代，预先将有关图纸、资料交运行人员熟悉掌握，并注明可以投入，经由当值人员验收方可投入运行。

2. 定值通知单

（1）继电保护定值通知单是运行现场调整定值的书面依据，中调管辖的保护装置的定值按中调下达的定值通知单执行。定值整定试验完毕后，经生产部门同意，方可投入运行。

（2）运行方案临时变动，保护专业编制相应的临时定值单，中调管辖的设备按中调值班调度员的指令执行。运行方式恢复时，临时定值单即行作废。

（3）定值单应注明所使用电压、电流互感器变比，应注意与现场相一致。

3. 保护装置的退出

地调管辖的保护装置作业退出时，必须得到调度员的许可，由运行值班长接令后执行，且应做好详细记录，具体为记清楚时间及发令人、主变保护装置的投入或退出应按生产部门命令执行。

4. 检修作业完成后的处理事项

继电保护及自动化装置检修作业完毕,工作负责人应详细、正确填写好继电保护作业交代本,并向当值人员交代,值班人员与检修人员一起进行如下检查:

(1) 检查在试验中连接的临时接线是否全部拆除。

(2) 检查作业中所断开和短接的线头是否全部恢复。

(3) 工作场所是否清理完毕,有无遗留工具。

(4) 交代清楚后,由当值值长在交代本上签名后方能办理工作票结束手续。

7.2.3.2 运行操作

1. 继电保护装置的投运操作步骤

(1) 全面检查盘柜、接线端子接触情况,确认无异常现象。

(2) 投上交、直流电源。

(3) 确认相应电源指示灯亮;保护装置无异常信号发出。

(4) 投入保护装置保护投入压板,确认相应保护投入指示灯亮。

(5) 根据需要测量保护出口压板两端无压后,投入保护出口压板。

2. 继电保护装置的退出运行操作步骤

(1) 一般情况将其中某保护退出,只需退出其保护压板,确认对应保护投入指示灯熄。

(2) 整套保护装置退出时,则退出保护所有出口压板。

(3) 退出保护所有出口压板,确认对应保护投入指示灯熄。

(4) 根据需要拉开交、直流电源。

7.3 线路保护

7.3.1 线路的组成

1. 电网的电流保护

电网正常运行时,输电线路上流过正常的负荷电流,母线电压为额定电压;当输电线路发生短路时,故障相电流增大,反映故障时电流增大而动作的电流保护。

2. 电网的接地保护

电网正常运行时,输电线路上流过正常的负荷电流,母线电压为额定电压;当输电线路发生一点接地时,故障相电流增大,反映接地故障时电流增大而动作的接地保护。

3. 距离保护

距离保护能反映故障点至保护安装地点之间的距离（或阻抗），而距离继电器是根据距离的远近而确定动作时间的一种保护装置。该装置的主要元件为距离（阻抗）继电器，它可根据其端子上所加的电压和电流测知保护安装处至短路点间的阻抗值，此阻抗称为继电器的测量阻抗。当短路点距保护安装处近时，其测量阻抗小，动作时间短；当短路点距保护安装处远时，其测量阻抗增大，动作时间延长，这样就保证了保护有选择性地切除故障线路。

4. 高频保护

高频保护是用高频载波代替二次导线，传送线路两侧电信号的保护。原理是反映被保护线路首末两端电流的差或功率方向信号，用高频载波将信号传输到对侧加以比较而决定保护是否动作。高频保护包括相差高频保护、高频闭锁距离保护和功率方向闭锁高频保护。

5. 线路纵差保护

纵联差动保护，即输电线的纵联差动保护，是用某种通信通道将输电线两端的保护装置纵向联结起来，将各端的电气量（电流、功率的方向等）传送到对端，将两端的电气量比较，以判断故障在本线路范围内还是在线路范围外，从而决定是否切断被保护线路。

7.3.2 线路保护配置(表 7-3)

表 7-3 线路保护定值表

设备名称	保护名称	整定值	出口硬压板	保护范围	动作后果
线路保护	距离保护	$R_1=0.6\Omega$ $R_2=1.7\Omega$ $R_3=6.7\Omega$		作为长线路末端变压器故障后远后备保护	跳开线路两侧的高压断路器
	零序过电流保护	$T=1\ \mathrm{A}$		作为线路不对称（单相接地）时产生的零序电流保护	跳开线路两侧的高压断路器

7.3.3 运行操作及规定

7.3.3.1 运行规定

1. 新投运、检修、技改后的保护装置

投运前，保护专业人员必须做出详细的书面交代，预先将有关图纸、资料交运行人员熟悉掌握,并注明可以投入,经由当值人员验收方可投入运行。

2. 定值通知单

(1)继电保护定值通知单是运行现场调整定值的书面依据,中调管辖的保护装置的定值按中调下达的定值通知单执行。定值整定试验完毕后,经生产部门同意,方可投入运行。

(2)运行方案临时变动,保护专业编制相应的临时定值单,中调管辖的设备按中调值班调度员的指令执行。运行方式恢复时,临时定值单即行作废。

(3)定值单应注明所使用电压、电流互感器变比,应注意与现场相一致。

3. 保护装置的退出

地调管辖的保护装置作业须出时,必须得到调度员的许可,由运行值班长接令后执行,且应做好详细记录,具体为记清楚时间及发令人、线路保护装置的投入或退出应按生产部门命令执行。

4. 检修作业完成后的处理事项

继电保护及自动化装置检修作业完毕,工作负责人应详细、正确填写好继电保护作业交代本,并向当值人员交代,值班人员与检修人员一起进行如下检查:

(1)检查在试验中连接的临时接线是否全部拆除。

(2)检查作业中所断开和短接的线头是否全部恢复。

(3)工作场所是否清理完毕,有无遗留工具。

(4)交代清楚后,由当值值长在交代本上签名后方能办理工作票结束手续。

7.3.3.2 运行操作

1. 继电保护装置的投运操作步骤

(1)全面检查盘柜、接线端子接触情况,确认无异常现象。

(2)投上交、直流电源。

(3)确认相应电源指示灯亮;保护装置无异常信号发出。

(4)投入保护装置保护投入压板,确认相应保护投入指示灯亮。

(5)根据需要测量保护出口压板两端无压后,投入保护出口压板。

2. 继电保护装置的退出运行操作步骤

(1)一般情况将其中某保护退出,只需退出其保护压板,确认对应保护投入指示灯熄。

(2)整套保护装置退出时,则退出保护所有出口压板。

（3）退出保护所有出口压板,确认对应保护投入指示灯熄。

（4）根据需要拉开交、直流电源。

7.4 母线保护

7.4.1 母线保护的组成

母线上只有进出线路,正常运行情况下,进出电流的大小相等,相位相同。如果母线发生故障,这一平衡就会被破坏。有的保护采用比较电流是否平衡,有的保护采用比较电流相位是否一致,有的二者兼有,一旦判别出母线故障,立即启动保护动作元件,跳开母线上的所有断路器。如果是双母线并列运行,有的保护会有选择地跳开母联开关和有故障母线的所有进出线路断路器,以缩小停电范围。

7.4.2 母线保护配置(表7-4)

表7-4 母线保护定值表

设备名称	保护名称	整定值	出口硬压板	保护范围	动作后果
线路保护	母线差动保护	$I_g=3.91\text{ A}$ $I_d=3.52\text{ A}$ $K_g=0.7$ $K_d=0.6$ $I_{ta}=0.59\text{ A}$ $U_b=40.0\text{ V}$ $U_0=6.0\text{ V}$ $U_f=4.0\text{ V}$	1LP1	母线的主保护	跳弄那线断路器、弄洞Ⅰ线断路器、♯1主变高压侧断路器、♯2主变高压侧断路器

7.4.3 运行操作及规定

7.4.3.1 运行规定

1. 新投运、检修、技改后的保护装置

投运前,保护专业人员必须做出详细的书面交代,预先将有关图纸、资料交运行人员熟悉掌握,并注明可以投入,经由当值人员验收方可投入运行。

2. 定值通知单

（1）继电保护定值通知单是运行现场调整定值的书面依据,中调管辖的保护装置的定值按中调下达的定值通知单执行。定值整定试验完毕后,经生产部门同意,方可投入运行。

(2) 运行方案临时变动,保护专业编制相应的临时定值单,中调管辖的设备按中调值班调度员的指令执行。运行方式恢复时,临时定值单即行作废。

(3) 定值单应注明所使用电压、电流互感器变比,应注意与现场相一致。

3. 保护装置的退出

地调管辖的保护装置作业退出时,必须得到调度员的许可,由运行值班长接令后执行,且应做好详细记录,具体为记清楚时间及发令人、母线保护装置的投入或退出应按生产部门命令执行。

4. 检修作业完成后的注意事项

继电保护及自动化装置检修作业完毕,工作负责人应详细、正确填写好继电保护作业交代本,并向当值人员交代,值班人员与检修人员一起进行如下检查:

(1) 检查在试验中连接的临时接线是否全部拆除。

(2) 检查作业中所断开和短接的线头是否全部恢复。

(3) 工作场所是否清理完毕,有无遗留工具。

(4) 交代清楚后,由当值值长在交代本上签名后方能办理工作票结束手续。

7.4.3.2 运行操作

1. 继电保护装置的投运操作步骤

(1) 全面检查盘柜、接线端子接触情况,确认无异常现象。

(2) 投上交、直流电源。

(3) 确认相应电源指示灯亮;保护装置无异常信号发出。

(4) 投入保护装置保护投入压板,确认相应保护投入指示灯亮。

(5) 根据需要测量保护出口压板两端无压后,投入保护出口压板。

2. 继电保护装置的退出运行操作步骤

(1) 一般情况将其中某保护退出,只需退出其保护压板,确认对应保护投入指示灯熄。

(2) 整套保护装置退出时,则退出保护所有出口压板。

(3) 退出保护所有出口压板,确认对应保护投入指示灯熄。

(4) 根据需要拉开交、直流电源。

7.5　断路器保护

1. 断路器失灵保护

断路器失灵保护是指故障电气设备的继电保护动作发出跳闸命令而断路器拒动时,利用故障设备的保护动作信息与拒动断路器的电流信息构成对断路器失灵的判别,能够以较短的时限切除同一厂站内其他有关的断路器,使停电范围限制在最小,从而保证整个电网的稳定运行,避免造成发电机、变压器等故障元件的严重烧损和电网的崩溃瓦解事故。

2. 三相不一致保护

高压输电线路一般采用分相操作的断路器,为防止因断路器三相位置不一致而导致断路器误动或拒动事故,采用本体三相位置不一致保护。

3. 充电保护

母联断路器的充电保护属于断路器保护,专为用母联断路器向备用母线充电用。充电保护整定值很小,动作时间也很短,通过母联给备用母线充电时,假如备用母线有故障,则充电保护瞬时动作,断开母联断路器,防止扩大事故,这只是切了故障母线,而非故障母线正常运行。

4. 运行操作及规定

(1) 断路器位置是否与显示一致。

(2) 开关的各种按钮、二次回路的电源是否正常。

(3) 操作机构有无异常、螺栓是否紧固。

(4) 开关动作次数记录。

(5) 弹簧位置是否正确、有无裂纹。

(6) 开关站 220 V 直流工作电源正常。

(7) 若执行远方倒闸操作,必须有专人现地检查,确认无误后,才能执行下一步操作。

(8) 若在现地操作,必须由取得监护权的人员作为监护人,严格执行操作票制度。

(9) 无论是在远方或现地操作中,若发生操作令发出后,设备不执行的情况,严禁强行使用总解锁钥匙进行操作。使用总解锁钥匙时要经过厂领导同意,在找出原因并得到检修专业人员确认后方可继续操作。

7.6 故障录波装置

7.6.1 装置概述

1. 基本原理

故障录波装置对保证电力系统安全运行有十分重要的作用。当电网发生故障时,利用装设的故障录波装置,可以记录下该故障全过程中线路上的三相电流、零序电流的波形和有效值,母线上三相电压、零序电压的波形和有效值,并形成故障分析报告,给出此种故障的故障类型,可以查看电流和电压的幅值与相位、本侧保护的动作时间,以及线路两侧高频保护收发信机发信和停信的时间、断路器分合时间等。当线路两侧装有自动重合闸时,还可以看出线路两侧自动重合闸动作的全过程。

2. 记录方式

微机故障录波装置正常情况下只做数据采集,只有当它的启动元件动作时才进行录波。除高频信号外,所有信号均可作为启动量,任一路输入信号满足定值给出的启动条件,均可启动录波。为了保证故障录波装置可靠动作,要求故障录波装置有良好的灵敏度。

对故障录波装置通常采用如下的启动方式:

(1) 突变量启动判据。突变量启动的实质是故障分量启动,可选 ΔUA、ΔUB、ΔUC、ΔUL、$\Delta U0$、$\Delta I0$、ΔIA、ΔIB、ΔIC 中的部分作为启动量,并和整定突变量值进行比较。

(2) 零序电流启动判据。在 110 kV 以上的大电流接地系统中,大多数为接地故障,采用主变压器中性点零序电流启动录波。

(3) 正序、负序、零序电压启动判据。

(4) 母线频率变化启动判据。故障时,频率下降且变化率较快。

(5) 外部启动判据。一种是继电保护的跳闸动作信号启动,另一种是调度来的启动命令。这两种启动均为开关量启动。

3. 输出分析报告内容

(1) 正确分析事故原因并研究对策,同时要正确清楚地了解系统的情况,及时处理事故。所录取的故障过程波形图,可以正确反映故障类型、相别、故障电流和电压的数值,以及断路器跳合闸时间和重合闸是否成功等情况,从而分析并确定出事故的原因,研究有效的对策,也为及时处理事故提供了可靠的依据。

（2）根据所录取的波形图,可以科学评价继电保护和自动装置工作的正确性。

（3）根据录波图中示出的零序电流值,可以较正确地给出故障地点范围,便于查找故障点。

（4）分析研究振荡规律。录波图可以清楚地说明系统振荡的发生、失步、同步振荡、异步振荡和再同步全过程,以及振荡周期、电流和电压等参数,从而为防止系统发生振荡提供对策,为改进继电保护和自动装置提供依据。

（5）分析录波图可以发现继电保护和自动装置的缺陷。发现一次设备缺陷,可及时消除隐患。

（6）借助录波装置,可实测系统参数以及监视系统的运行状态。

7.6.2　故障录波装置的配置及技术参数

故障录波装置分为前置录波储存单元、主控单元和后台管理单元。各部分通过以太网利用 TCP/IP 进行数据交互,各部分可独立工作。具有实时监测、波形分析、故障分析及打印、文件检索、公式编辑、阻抗轨迹等功能。

7.6.3　运行操作及规定

（1）故障录波装置正常必须投入运行。退出时,应经调度批准。

（2）系统发生故障时,与故障元件连接最近的故障录波装置启动录波后,应立即向部门汇报。

（3）故障录波图分析内容包括故障时间、故障元件、相别、故障电流和电压有效值、保护动作行为。

（4）凡不属于直接录波装置(指远离故障元件的录波装置),故障录波启动时,应立即向部门汇报。

（5）凡不属于故障,而是产生系统振荡或其他异常(如低周、高周,过压、低压等)时,故障录波装置启动录波后,应立即向部门汇报。

第8章 ●

主变压器

8.1 主变压器概述

8.1.1 变压器的定义

变压器是利用电磁感应的原理来改变交流电压的装置,主要构件是初级线圈、次级线圈和铁芯(磁芯)。

8.1.2 变压器的基本工作参数

1. 工作频率

变压器铁芯损耗与频率关系很大,故应根据使用频率来设计和使用,这种频率称工作频率。

2. 额定功率

在规定的频率和电压下,变压器能长期工作而不超过规定温升的输出功率。

3. 额定电压

额定电压指在变压器的线圈上所允许施加的电压,工作时不得大于规定值。

4. 电压比

电压比指变压器初级电压和次级电压的比值,有空载电压比和负载电压比的区别。

5. 空载电流

变压器次级开路时,初级仍有一定的电流,这部分电流称为空载电流。

空载电流由磁化电流(产生磁通)和铁损电流(由铁芯损耗引起)组成。对于50 Hz 电源变压器而言,空载电流基本上等于磁化电流。

6. 空载损耗

空载损耗指变压器次级开路时,在初级测得功率损耗。主要损耗是铁芯损耗,其次是空载电流在初级线圈铜阻上产生的损耗(铜损),这部分损耗很小。

8.1.3 百色那比水力发电厂主变压器技术参数(表8-1、表8-2)

表8-1 ♯1主变压器参数表

型 式	强迫油循环风冷却,油浸三相三线圈升压/降压变压器		
型 号	SF11-40000/121	冷却方式	自冷型风冷却
额定容量	40 000 VA	额定频率	50 Hz
额定电压 高压侧	121 kV	额定电流 高压侧	95.4 A
额定电压 低压侧	10.5 kV	额定电流 低压侧	1 099.7 A
高压中性点接地方式	直接接地	无载分接电压	121±2×2.5% kV
空载损耗	16 kW	连接组别	YN d11
负载损耗	94 kW		
制造厂家	保定天威集团(江苏)五洲变压器有限公司	变压器油类型	克拉玛依 25♯
制造厂家	保定天威集团(江苏)五洲变压器有限公司	变压器油生产厂家	克拉玛依润滑油厂
绝缘耐热等级	A 级	线圈/顶层油温升	65K/55K
最高环境温度	40℃	冷却器最高温度	

表8-2 ♯2主变压器参数表

型 式	强迫油循环水冷却,油浸三相三线圈升压/降压变压器		
型 号	SF11-20000/121	冷却方式	自冷型风冷却
额定容量	20 000 VA	额定频率	50 Hz
额定电压 高压侧	121 kV	额定电流 高压侧	95.4 A
额定电压 低压侧	10.5 kV	额定电流 低压侧	1 099.7 A
高压中性点接地方式	直接接地	无载分接电压	121±2×2.5% kV
空载损耗	16 kW	连接组别	YN d11
负载损耗	94 kW		
制造厂家	保定天威集团(江苏)五洲变压器有限公司	变压器油类型	克拉玛依 25♯
制造厂家	保定天威集团(江苏)五洲变压器有限公司	变压器油生产厂家	克拉玛依润滑油厂
绝缘耐热等级	A 级	线圈/顶层油温升	65K/55K
最高环境温度	40℃	冷却器最高温度	

8.2 结构及原理

1. 铁芯

铁芯是变压器中主要的磁路部分。通常由含硅量较高,厚度分别为 0.35 mm、0.3 mm、0.27 mm,表面涂有绝缘漆的热轧或冷轧硅钢片叠装而成。铁芯分为铁芯柱和横片两部分,铁芯柱套有绕组,横片用于闭合磁路。

2. 绕组(图 8-1)

绕组是变压器的电路部分,它是用双丝包绝缘扁线或漆包圆线绕成。变压器的基本原理是电磁感应原理,现以单相双绕组变压器为例说明其基本工作原理:当一次侧绕组加上电压 U_1 时,流过电流 I_1,在铁芯中就产生交变磁通 O_1,这些磁通称为主磁通,在它的作用下,两侧绕组分别感应电势,最后带动变压器调控装置。

图 8-1　绕组实物图

3. 油箱(图 8-2)

油浸式变压器均有一个油箱,装入变压器油后,将组装好的器身装入其中,以保证变压器正常工作。变压器油用作加强变压器内部绝缘强度和散热。

图 8-2　油箱实物图

4. 套管（图 8-3）

变压器绕组的引出线从油箱内部引到箱外时必须经过绝缘套管,使引线与油箱绝缘。绝缘套管一般是陶瓷材料,其结构取决于电压等级。1kV 以下采用实心磁套管,10～35kV 采用空心充气或充油式套管,110kV 及以上采用电容式套管。为增大外表面放电距离,套管外形做成多级伞开裙边。电压等级越高,级数越多。

图 8-3　套管实物图

5. 绝缘结构

变压器（换流变）的绝缘结构为油、纸和纸板组成的复合绝缘结构体,需要承受交流电压、雷电冲击电压、操作冲击电压的作用,特别是换流变压器还要承受直流电压和极性反转电压的作用,对其要求更为苛刻,是特高压变压器（换流变）的设计和制造的难点和重点。

6. 变压器允许温升

温升限值（在环境温度 40℃、额定输出功率时）如表 8-3 所示。

表 8-3　温升限制表

名称	设定值	条件及结果
主变线圈	65℃	温升限值（电阻法测量）
	115℃	报警值
	130℃	跳闸值
主变油温	55℃	温升条件（温度计法测量）
	85℃	报警值
主变铁芯	80℃	温升限值（温度计法测量）
压力释放装置	73 kPa	跳闸值

8.3 运行操作及规定

8.3.1 运行规定

1. 主变压器中性点的运行方式

应按地调命令执行。

2. 变压器运行方式

（1）并列运行:两台变压器高压侧母线并列运行,低压侧母线联合向负荷供电。

（2）分列运行:两台变压器高压侧母线并列(或分开)运行,低压侧母线联络断路器分开运行。

（3）单独运行:两台变压器一台运行、一台备用,高低压侧母线联络,断路器联络。

3. 主变压器冷却器的运行规定

（1）投入运行的冷却器的数量取决于变压器的油温和负荷,即冷却器应根据变压器顶层温度和负荷的变化自动投入或切除。

（2）当任一运行冷却器故障或变压器温度达到设定值,备用冷却器应自动投入运行。

（3）控制系统的控制电源为构成"工作－备用"方式的互为备用电源,当工作电源故障时,备用电源应自动投入运行。

（4）每一冷却器具有一只"工作－辅助－备用－切开"位置的选择开关,用以选择冷却器的工作状态。

（5）每个冷却器具有工作电源故障、备用电源故障、备用电源投入运行、风机运行、风机故障、风机全停的报警和信号,并具有两对电气独立接点。

4. 主电路工作原理

（1）控制柜三相 380 V 主回路采用双回路电源供电,电源分别取自厂用电机组自用电的Ⅰ段和Ⅱ段,单相 220 V 回路采用辅助电源供电,在三相 380 V 主回路中,一个回路为工作电源,另一个回路为备用电源。当工作电源发生故障时,线路可自动投入备用电源运行。

（2）变压器冷却装置系统的风扇组 380 V 主回路均设计安装有各自回路的断路器、接触器进行供电和短路、过载保护,从而有效地保证了风扇运行安全可靠。

（3）控制柜中设计安装使用的电气元件,必须能够保证变压器冷却装置系统长期稳定的正常运行,安全可靠。

5. 主变压器冷却器的运行方式

(1) "手动"方式:直接由各自的控制开关控制冷却器投入(退出)。

(2) "自动"方式:冷却器按"工作—辅助—备用"顺序自动投入(退出),冷却器的投入(退出)是受变压器是否带电及变压器油温来控制;变压器带电时投入工作冷却器,当变压器停电时经延时退出全部冷却器;变压器顶部油温>75℃时投入辅助冷却器,当变压器顶部油温<55℃时经延时退出辅助冷却器;当工作或辅助冷却器故障无法正常运行时自动投入备用冷却器。

6. 保护回路配置(风机的保护配置)

(1) 短路保护回路:当冷却器中的变压器风扇出现短路故障时,由自动开关 QF 快速切断故障冷却器的工作电路。

(2) 断相运转及过载保护回路:由于每台变压器风扇均配备了热继电器,因此当任何一台风扇出现断相运转及过载时,相对应的热继电器的动断触点都要打开,从而切断相对应的交流接触器线圈的电源,这样就切断了故障冷却器的工作电源。

(3) 冷却器自停保护回路:当变压器退出电网运行时,变压器断路器的辅助动断触点闭合,从而接通继电器 KM0 线圈的电源,使得其动断触点打开,从而切断主交流接触器 1C 和 2C 的电源,使所有冷却器自动停止运行。

7. 主变压器中性点的切换应符合"先投后切"的原则

(1) 主变高压侧无励磁分接开关按 121±2×2.5%(kV)的电压等级设置满容量抽头,分接开关在无电压下由装在油箱顶部的操作机构手动操作,并设置闭锁装置防止带电操作。

(2) 主变压器分接头切换操作按调度命令执行。切换前,主变各侧断路器和隔离开关必须全部断开,并做好中性点接地等安全措施;切换后,测量分接头接触电阻是否合格,并检查分接头位置的正确性。

8. 主变压器充电原则

(1) 主变压器充电操作由高压侧进行,不允许从低压侧进行充电;充电前各保护应投入。

(2) 主变压器检修后或事故原因不明时,应先做零起升压试验,正常后,再进行充电操作。

8.3.2　运行操作

1. 变压器投运前

必须完成下列工作方可投运:

（1）测量变压器线圈绝缘电阻值吸收比及极化指数合格。

（2）主变压器保护均投入。

（3）对主变风机柜进行以下检查：油位温度计指示正常，瓦斯继电器良好，压力释放阀在关闭位置，不漏油、不渗油。

（4）主变压器冷却器装置全部正常，油流指示正常。

（5）呼吸器畅通，硅胶颜色正常；变压器位置正确，三相一致。

（6）主变压器外壳接地良好。

（7）主变压器的消防装置完备。

（8）主变压器中性点接地刀投/切正常，信号指示正确。

（9）主变压器大修后或刚投运前冲击试验应进行 3～5 次。

2. 变压器投运前试验

（1）绕组直流电阻。

（2）绕组绝缘电阻、吸收比或极化指数。

（3）油浸变压器线圈绕组的 $tg\delta$。

（4）绝缘油试验。

（5）交流耐压试验。

（6）穿芯螺栓、夹件、绑扎钢带、铁芯、线圈压环及屏蔽等的绝缘电阻。

（7）变压器绕组电压比。

（8）三相变压器的接线组别或单相变压器的极性。

（9）变压器空载电流和空载损耗。

（10）变压器短路阻抗和负载损耗。

（11）有载调压装置的试验和检查。

（12）测温装置及其二次回路试验。

（13）气体继电器及其二次回路试验。

（14）气体变压器的压力指示装置。

（15）整体密封检查。

3. 变压器试运行

变压器试运行是指变压器从开始通电带一定的负荷工作 24 h 所经历的全部过程。变压器投入运行时，应先按照倒闸操作的方法与步骤进行。在变压器投入试运行时，通常应注意以下几方面的问题：

（1）变压器第一次投入时，可全压冲击合闸；冲击合闸时一般可由高压侧投入。

（2）变压器在第一次送电后，工作 10 min 以后，静听变压器内有无异常的响声、有无过热现象。

(3) 变压器并列运行前,应核对好相位。

(4) 对变压器进行 5 次全电压冲击合闸后,变压器不应出现异常情况;检查励磁涌流对差动保护的影响情况,记载空载电流;还应检查变压器和冷却装置有无渗、漏油现象。

(5) 变压器空载运行 24 h,无异常情况,方可投入负荷。

4. 变压器运行检查

(1) 检查油枕和充油套管内油面的高度及封闭处有无渗油现象。

(2) 检查变压器温度情况。

(3) 检查变压器的响声是否正常。

(4) 检查绝缘套管是不是清洁,有无破损、裂纹及放电烧伤痕迹。

(5) 检查冷却装置运行情况是否正常。

(6) 检查一、二次母线不应过松或过紧,接头接触良好,不过热。

(7) 呼吸器应畅通,硅胶吸潮不应达到饱和(通过观察硅胶是否变色来鉴别)。

(8) 防爆管上的防爆膜应完整、无裂纹、无存油。

(9) 瓦斯继电器无动作。

(10) 外壳接地应良好。

5. 主变压器由运行转检修操作步骤

(1) 倒换厂用电。

(2) 检查机组在停机状态。

(3) 断开主变压器高压侧断路器。

(4) 拉开主变压器高压侧隔离开关。

(5) 拉开主变压器低压侧隔离开关。

(6) 拉开主变压器高压侧中性点接地开关。

(7) 分别测量主变压器高压、低压侧绕组绝缘值。

(8) 分别合上主变压器高压侧接地开关。

(9) 退出主变压器冷却器系统。

(10) 退出主变压器所有保护。

6. 主变压器大修完毕,投运步骤

(1) 确认检修工作已完毕,相应的工作票已收回。

(2) 拉开主变压器高压、低压侧接地开关。

(3) 确认主变压器高压侧中性点接地开关在断开位置后,分别测量主变压器高压、低压侧绝缘值,确认绝缘值合格。

（4）恢复主变压器冷却器系统。

（5）恢复主变压器所有保护。

（6）对主变压器零起升压,试验正常后,对主变压器从高压侧进行充电。

（7）合上主变压器低压侧隔离开关及断路器。

（8）倒换厂用电。

7. 主变压器零起升压操作（以♯1主变为例）

（1）检查♯1主变压器高压侧断路器及隔离开关在断开位置。

（2）检查♯1主变压器中性点接地开关在合闸位置。

（3）检查♯1主变压器所有保护正常。

（4）检查♯1机组除失磁保护和强励保护退出外,其余保护投入正常。

（5）♯1机组励磁控制方式放到"手动",励磁控制放"手动通道"。

（6）现地LCU手动启动♯1机至空转,合上灭磁开关及出口断路器。

（7）检查励磁输出正常,缓慢增加励磁电流,并按试验要求加压。

（8）升压过程中,监视♯1主变压器电压的变化,发现异常情况应立即跳灭磁开关。

（9）缓慢减小励磁电流至0,断开灭磁开关,停机,断开♯1机组出口断路器。

（10）恢复♯1机组保护及励磁系统。

8. 变压器典型的运行操作

（1）运行状态:变压器各侧开关及刀闸在合闸位置。

（2）热备用状态:变压器各侧开关在分闸位置两侧,刀闸在合闸位置。

（3）冷备用状态:变压器各侧开关及两侧刀闸均在分闸位置。

（4）检修状态:变压器各侧开关及两侧刀闸均在分闸位置,并做好安全措施。

各状态如图8-4所示。

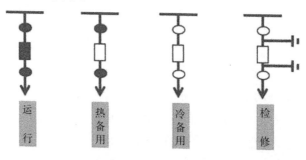

图8-4 变压器状态示意图

8.4 典型故障处理

8.4.1 铁芯故障

铁芯故障主要由两个方面原因引起，一是施工工艺不良造成短路，二是由于金属软管不锈钢软管附件和外界因素引起多点接地。

1. 铁芯多点接地类型

（1）安装变压器竣工后，未将油箱顶盖上运输的定位销翻转过来或去除掉，构成金属软管不锈钢软管多点接地。

（2）由于铁芯夹件肢板距芯柱太近、铁芯叠片因某种原因翘起后，触及夹件肢板，形成金属软管不锈钢软管多点接地。

（3）铁轭螺杆的衬套过长，与铁轭叠片相碰，构成了新的接地点。

（4）铁芯下夹件垫脚与铁轭间的绝缘纸板脱落或破损，使垫脚铁轭处叠片相碰造成接地。

（5）具有潜油泵装置的大中型变压器，由于潜油泵轴承磨损，金属粉末进入油箱中，淤积油箱底部，在电磁力作用下形成桥路，将下铁轭与垫脚或箱底接通，形成金属软管不锈钢软管多点接地。

（6）油浸变压器油箱盖上的温度计座套过长，与上夹件或铁轭、旁柱边沿相碰，构成新的接地点。

（7）油浸变压器油箱中落入了金属异物，这类金属异物使铁芯叠片和箱体构通，形成接地。

（8）下夹件与铁轭阶梯间的木垫块受潮或表面不清洁，附有较多的油泥，使其绝缘电阻值降为零时，构成了多点接地。

2. 多点接地时出现的异常现象

（1）在铁芯中产生涡流，铁损增加，铁芯的金属软管不锈钢软管局部过热。

（2）多点接地严重又较长时间未处理时，变压器连续运行将导致油及绕组也过热，使油纸绝缘逐渐老化，引起铁芯叠片两片绝缘层老化而脱落，将引起更大的铁芯过热，铁芯将被烧毁。

（3）较长时间多点接地，使油浸变压器油劣化而产生可燃性气体，使气体继电器动作。

（4）因铁芯过热使器身中的木质垫块及夹件碳化。

（5）严重的多点接地会使接地线烧断，使变压器失去了正常的一点接地，后果不堪设想。

（6）多点接地也会引起放电现象。

3. 多点接地故障的检测

铁芯多点接地故障判断方法通常从两方面检测。

（1）进行气相色谱分析，色谱分析中如气体中的甲烷及烯烃组分含量较高，而一氧化碳和二氧化碳气体含量和已往相比变化不大或含量正常，则说明铁芯过热，铁芯过热可能是由于多点接地所致。

色谱分析中出现乙炔气体时，说明铁芯已出现间歇性多点接地。

（2）测量接地线有无电流，可在变压器铁芯外引接地套管的接地引线上，用钳形表测量引线上是否有电流。变压器铁芯正常接地时，因无电流回路形成，故接地线上电流很小，为毫安级（一般小于 0.3 A）。当存在多点接地时，铁芯主磁通周围相当于有短路匝存在，匝内流过环流，其值决定于故障点与正常接地点的相对位置，即短路匝中包围磁通的多少，一般可达几十安培，通过测量接地引线中有无电流，能很准确地判断出铁芯有无多点接地故障。

4. 多点接地故障的排除

（1）变压器不能停运时的临时排除方法

①有外引接地线，如果故障电流较大，可临时打开地线运行，但必须加强监视，以防故障点消失后铁芯出现悬浮电位。

②如果多点接地故障属于不稳定型，可在工作接地线中串入一个滑线电阻，使电流限制在 1 A 以下，滑线电阻的选择，是将正常工作接地线打开测得的电压除以地线上的电流。

③要用色谱分析监视故障点的产气速率。

④通过测量找到确切的故障点后，如果无法处理，则可将铁芯的正常工作接地片移至故障点同一位置，用以较大幅度地减少环流。

（2）彻底检修措施

监测发现变压器存在多点接地故障后，对于可停运的变压器，应及时停运，退出后彻底消除多点接地故障。根据多点接地类型及原因，采取相应的检修措施。若停电吊芯后找不到故障点，为了能确切找到接地点，现场可采用如下方法：

①直流法。将铁芯的金属软管不锈钢软管与夹件的连接片打开，在轭两侧的硅钢片上通入 6 V 的直流，然后用直流电压表依次测量各级硅钢片间的电压。当电压等于零或者表指示反向时，则可认为该处是故障接地点。

②交流法。将变压器低压绕组接入交流电压 220～380 V,此时铁芯中金属软管不锈钢软管有磁通存在,如果存在多点接地故障,用毫安表测量会出现电流(铁芯和夹件的连接片应打开),随后用毫安表沿铁轭各级逐点测量,当毫安表中电流为零时,则该处为故障点。

8.4.2　绕组故障

1. 绕组故障类型

绕组故障主要有匝间短路、绕组接地、相间短路、断线及接头开焊等。

2. 故障的原因

(1) 在制造或检修时,局部绝缘受到损害,遗留下缺陷。

(2) 在运行中,因散热不良或长期过载,绕组内有杂物落入,使温度过高,绝缘老化。

(3) 制造工艺不良,压制不紧,机械强度不能经受短路冲击,使绕组变形,绝缘损坏。

(4) 绕组受潮,绝缘膨胀堵塞油道,引起局部过热。

(5) 绝缘油内混入水分而劣化,或与空气接触面积过大,使油的酸价过高,绝缘水平下降或油面太低,部分绕组露在空气中未能及时处理。

由于上述种种原因,在运行中一旦发生绝缘击穿,就会造成绕组的短路或接地故障。匝间短路时的故障现象使变压器过热、油温增高,电源侧电流略有增大,各相直流电阻不平衡,有时油中有"吱吱"声和"咕嘟咕嘟"的冒泡声。轻微的匝间短路可以引起瓦斯保护动作;严重时,差动保护或电源侧的过流保护也会动作。发现匝间短路应及时处理,否则绕组匝间短路常常会引起更为严重的单相接地或相间短路等故障。

8.4.3　其他常见故障

1. 主变压器零序过电流保护动作处理步骤

(1) 检查接地主变压器及相邻线路是否有明显的单相接地短路故障,若有异常,则隔离主变压器并通知 on-call 人员处理。

(2) 检查保护装置是否正常。

(3) 如上述检查未发现异常,用发电机对主变零起升压,查找故障点。

2. 轻瓦斯保护动作处理

(1) 对主变压器温升等进行检查。

(2) 检查是否因漏油而导致油面下降。

（3）检查是否二次回路故障或保护误动。

（4）检查瓦斯继电器是否进入空气，若气体是无色无味，不可燃，确认是空气时，排尽空气，主变压器可继续运行。

（5）若气体是可燃气体，应迅速向调度汇报并申请停电处理。

（6）通知 on-call 人员处理。

3. 重瓦斯保护动作处理

（1）检查主变压器跳各侧断路器动作正常。

（2）检查主变压器外部有无异常，如有无喷油、压力释放阀是否喷油、有无着火现象，若有异常则隔离主变压器，并通知运维人员处理。

（3）检查主变压器保护装置是否误动。

（4）检查是否由于二次回路故障引起的。

（5）检查瓦斯继电器是否有可燃气体，若有可燃气体，则隔离主变压器并通知运维人员处理。

（6）如检查均未见异常，测量主变压器绝缘电阻良好，对主变压器零起升压正常后，方可并网运行。

（7）在未查明原因，未进行处理前主变压器不允许再投入运行。

4. 主变压器差动保护动作处理

（1）主变压器跳闸，检查各侧断路器动作是否正常。

（2）检查主变压器差动保护范围内的一次设备有无异常和明显故障点（通常有瓦斯保护同时动作）。若有异常或者有明显故障点，则隔离主变压器，并通知检修人员处理。

（3）检查是否误动或二次回路故障所引起的。

5. 主变压器出现下列情况之一，先将负荷转移，再联系调度停电处理

（1）内部声音异常，但未有爆裂声。

（2）压力释放阀有漏油现象。

（3）油温不正常升高，超过 95℃。

（4）油枕油面下降至最低极限。

（5）主变压器漏油。

6. 主变压器在正常负荷及正常冷却方式情况下，温度不正常的升高，应进行下列处理

（1）检查三相负荷是否平衡。

（2）核对温度表读数是否正确。

（3）检查冷却器工作是否正常，或对冷却器进行切换。

（4）转移负荷。

（5）如以上检查均未发现问题,应认为系变压器内部故障,联系调度申请退出主变压器,通知运维人员检查处理。

7. 主变压器油面下降处理

（1）检查主变压器是否有明显的漏油点。

（2）向调度汇报,转移负荷,申请退出主变压器。

（3）通知运维人员处理。

8. 主变压器消防保护动作后处理步骤

（1）应立即到现场查看变压器是否着火,但防火门不得随意打开。可由防火门门缝或其他缝隙有无浓烟冒出及有无异味或其他现象判断变压器是否着火。

（2）检查防火挡板是否关闭,喷淋灭火装置是否可靠动作。如无可采用手动操作。

9. 主变压器着火时,值班员处理步骤

（1）确认主变着火,紧急停机。

（2）通知百色调度中心及部门领导。

（3）将着火变压器各侧断路器断开。

（4）将厂用高压变压器的高压断路器断开。

（5）手动打开水喷雾消防装置进行灭火。

（6）按厂房着火的处理步骤采取必要的应急措施。

第 9 章 ●

电气一次设备

9.1 概述

1. 水电站一次设备的概念及组成

凡是与电网或输电线路直接连接,且通过打电流、高电压的发变电设备和电厂用电设备,称为电气一次设备。如水轮发电机、电力变压器、断路器和隔离开关等。

2. 水电站一次设备的配置

水轮发电机,♯1、♯2 变压器和断路器 151QF、152QF;110 kV 弄那线断路器 153QF、110 kV 弄洞 I 线断路器 154QF 和隔离开关,♯1、♯2 厂变。

9.2 主接线图

1. 主接线图的定义

电气主接线主要是指在发电厂、变电所、电力系统中,为满足预定的功率传送和运行等要求而设计的、表明高压电气设备之间相互连接关系的传送电能的电路。电气主接线以电源进线和引出线为基本环节,以母线为中间环节构成电能输配电路。

2. 水电站主接线图的基本要求

(1) 安全性

必须保证在任何可能的运行方式和检修状态下人员及设备的安全。

（2）可靠性

主接线系统应保证对用户供电的可靠性，特别是保证对重要负荷的供电。

（3）灵活性

主接线系统应能灵活地适应各种工作情况，特别是当一部分设备检修或工作情况发生变化时，能够通过倒闸操作，做到调度灵活，不中断向用户供电。在扩建时应能很方便地从初期建设到最终接线。

（4）经济性

主接线系统还应保证运行操作的方便，以及在保证满足技术条件的要求下，做到经济合理，尽量减少占地面积，节省投资。比如，简化接线、减少电压层级等。

3. 水电厂常见主接线图的形式

电气主接线的基本形式为有母线接线和无母线接线。母线是汇流线，用以汇集电能和分配电能的，是发电厂和变电所的重要装置。电气主接线的类型如图9-1所示。

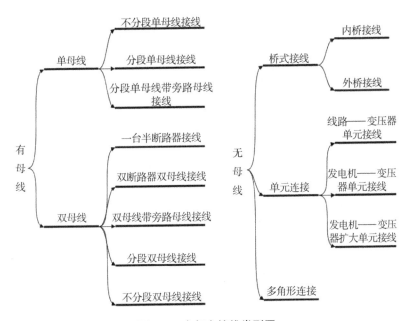

图9-1 电气主接线类型图

4. 百色那比水力发电厂主接线的形式及优缺点

百色那比水力发电厂采用分段单母线接线形式。

优点：接线比较简单，操作方便，可靠性有所提高；调度方便，扩建也较方便;如果出线回路较多,增加的投资比例不高。这种接线方式一般在中、小型变电所中被广泛采用。在重要负荷的出线回路较多、供电容量较大时,一般不采用。

缺点:当一段母线或任一母线隔离开关发生故障或检修时,该母线上所连接的全部引线都要在检修期间长期停电。显然,对于大容量发电厂和枢纽变电所,这都是不容许的,为此出现了双母线接线。

9.3 GIS

9.3.1 GIS 的基本原理及结构

GIS 的意思是气体绝缘金属封闭开关。它把包括断路器、隔离开关、接地开关、互感器(VT 及 CT)、避雷器和连接母线在内的各种控制和保护电器全部封装在接地的金属壳体内,壳体内充以一定压力的 SF_6 气体作为相间及对地的绝缘。国内称之为封闭式组合电器。

封闭式组合电器(即 GIS)分为分箱式(一相一壳)及共箱式(三相共箱)两种。近几年出现了介于 GIS 及敞开式电器(Air Insulated Switchgear, AIS)之间的半封闭式组合电器,简称 H-GIS(Hybrid-GIS)。

分箱式 GIS 的最大特点是相间影响小,运行中不会出现相间短路故障,而且带电部分与接地外壳间采用同轴电场结构,电场的均匀性问题较易解决,制造也较方便;但是,钢外壳中感应电流引起的损耗大,外壳数量及密封面较多,增加了制造成本及漏气的概率,其占地面积和体积也较大。

三相共箱式 GIS 的结构紧凑,外形尺寸和外壳损耗都较小;但是,其内部电场为三维电场,电场均匀度问题是个难点,相间影响大。

9.3.2 GIS 的优缺点

与敞开式高压开关设备相比,GIS 有以下特点:

(1) 占地面积小,可以有效地利用土地。

(2) 金属外壳接地,安全性能高。

(3) 受环境影响小,可用于湿热、污秽、高寒等严酷的环境条件下。

(4) 安装工期短、运行安全可靠、维护工作量少、抗震性能好。

(5) 检修次数少,便于维护。

(6) 制造困难,价格贵。但其土建费用和运行维护费用比常规的电器设备少。

（7）SF$_6$ 气体为温室效应气体，对地球环境不友好。

9.4　断路器

9.4.1　断路器的定义及功能

断路器是指能够关合、承载和开断正常回路条件下的电流，并能关合、在规定的时间内承载和开断异常回路条件下的电流的开关装置。

其技术要求有以下 9 个方面：额定电压、额定频率、额定电流、额定绝缘水平、额定短时耐受电流、额定短路持续时间、机械寿命、接地开关额定峰值耐受电流、绝缘子污秽等级 IV 防污瓷瓶。

9.4.2　断路器的分类

（1）按灭弧介质的不同，分为油断路器、压缩空气断路器、SF$_6$ 断路器、真空断路器。

（2）按装设地点的不同，分为户外式、户内式。

（3）按断路器的总体结构和其对地的绝缘方式不同，分为绝缘子支持型、接地金属箱型。

（4）按断路器在电力系统中工作位置的不同，分为发电机断路器、输电断路器。

（5）按 SF$_6$ 高压断路器的灭弧室结构特点，分为定开距型、变开距型。

9.4.3　高压断路器的基本技术参数

（1）额定电压：它是表征断路器绝缘强度的参数，是断路器长期工作的标准电压。

（2）额定电流：它是表征断路器通过长期电流能力的参数，即断路器允许连续长期通过的最大电流。

（3）额定短路开断电流：它是表征断路器开断能力的参数。

（4）动稳定电流：它是表征断路器通过短时电流能力的参数，反映断路器承受短路电流电动力效应的能力。

（5）额定关合电流：它是表征断路器关合电流能力的参数。

（6）热稳定电流和热稳定电流的持续时间：热稳定电流也是表征断路器

通过短时电流能力的参数,但它反映的是断路器承受短路电流热效应的能力。

(7)合闸时间与分闸时间:这是表征断路器操作性能的参数。

(8)操作循环:这也是表征断路器操作性能的指标。

9.4.4 高压断路器结构及原理

1. 高压断路器(图 9-2)

主要零部件:主灭弧室、主触头系统、主导电回路、辅助灭弧室、辅助触头系统、并联电阻。

功能:开断及关合电力线路,安全隔离电源。

2. 支持绝缘件

主要零部件:瓷柱、瓷套管、绝缘管等构成的支柱本体、拉紧绝缘子等。

功能:保证开断元件有可靠的对地绝缘,承受开断元件的操作力及各种外力。

3. 传动元件

主要零部件:各种连杆、齿轮、拐臂、液压管道、压缩空气管道等。

功能:将操作命令及操作功传递给开断元件的触头和其他部件。

4. 操作机构

主要零部件:弹簧、液压、电磁、气动及手动机构的本体及其配件。

功能:为开断元件分合闸操作提供能量,并实现各种规定的操作。

 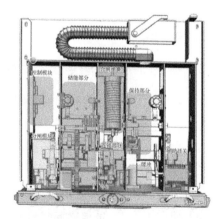

图 9-2 高压断路器外观及内部结构

9.4.5 SF₆ 断路器

SF₆ 断路器是以 SF₆ 气体为绝缘介质的断路器。它与空气断路器同属于气吹断路器,不同之处在于:①工作气压较低;②在吹弧过程中,气体不排向大气,而在封闭系统中循环使用。

9.4.6 断路器的配置及技术参数

百色那比水力发电厂断路器的配置及技术参数如表 9-1 所示。

表 9-1　断路器参数表

编　　号	151、152、153、154
型　　式	户内,单压式
电力系统标称电压	110 kV
额定电压	126 kV
额定电流	1 250 A
额定频率	50 Hz
操作机构型式	电动弹簧机构;远方和就地操作;其间有闭锁
控制回路电压	220 V DC
额定分/合闸电压	220 V DC
二次回路绝缘工频耐压	2 000 V,1 min
额定雷电冲击耐压(1.2/50 μs)	550 kV
相对地(峰值)	550 kV
断口间(峰值)	650 kV
额定 1 min 工频耐压	230 kV
相对地(有效值)	230 kV
断口间(有效值)	300 kV
合分时间	79.1 ms、27.5 ms
全分闸时间	≤50 ms
固有分闸时间	≤30 ms
合闸时间	≤100 ms
重合闸无电流间隔时间	0.3 s 及以上,可调

续表

分闸不同期性(相间)	≤3 ms
合闸不同期性(相间)	≤4 ms
额定操作顺序	O-0.3S-CO-180S-CO
额定短路开断电流	40 A
交流分量有效值	31.5 kA
直流分量(试验参数为首相开断系数1.5,振幅系数1.4,过渡恢复电压上升率2 kV/μs)	50%
额定短时耐受电流(有效值)/持续时间	31.5 kA/4 s
额定峰值耐受电流及额定短路关合电流(峰值)	80 kA
额定线路充电开断电流	≥75 A
额定小电感开断电流	0.5~12 A
开断小电感电流时过电压	$\leqslant 2.5 \times \sqrt{2} \times 126/\sqrt{3}$ kV
近区故障开断电流(试验参数:电源侧工频恢复电压 $126/\sqrt{3}$ kV,线路侧恢复电压上升率0.2 kV/kA·μs,振幅系数1.6,线路波阻抗450 Ω)	90%和75%额定短路开断电流

额定失步开断电流 25%~40%额定短路开断电流(断口工频恢复电压 $2.5 \times 126/\sqrt{3}$ kV)

9.5 隔离开关

9.5.1 隔离开关的定义及功能

隔离开关即在分位置时,触头间有符合规定要求的绝缘距离和明显的断开标志;在合位置时,能承载正常回路条件下的电流及在规定时间内异常条件(如短路)下的电流的开关设备。

(1) 在电气设备检修时,提供一个电气间隔,并且是一个明显可见的断开点,用以保障维护人员的人身安全。

(2) 隔离开关不能带负荷操作:不能带额定负荷或大负荷操作,不能分、合负荷电流和短路电流,但是有灭弧室的可以带小负荷及空载线路操作。

(3) 一般送电操作时:先合隔离开关,后合断路器或负荷类开关;断电操作时:先断开断路器或负荷类开关,后断开隔离开关。

（4）选用时和其他的电气设备相同,其额定电压、额定电流、动稳定电流、热稳定电流等都必须符合使用场合的需要。

隔离开关的作用是断开无负荷电流的电路,使所检修的设备与电源有明显的断开点,以保证检修人员的安全,隔离开关没有专门的灭弧装置不能切断负荷电流和短路电流,所以必须在断路器断开电路的情况下才可以操作隔离开关。

9.5.2　隔离开关的分类

（1）按安装地点可分为户内式和户外式。

（2）按绝缘支柱的数目可分为单柱式、双柱式和三柱式。

（3）按极数可分为单极和三极。

（4）按有无接地刀闸可分为带接地刀闸和不带接地刀闸。

（5）按用途可分为一般用、快速跳闸用和变压器中性点接地用等。

（6）按隔离开关配用的操动机构可分为手动、电动和气动操作等类型。

9.5.3　隔离开关的技术要求

（1）隔离开关分开后应具有明显的断开点,易于鉴别设备是否与电网隔开。

（2）隔离开关断开点之间应具有足够的绝缘距离,以保证在过电压及相间闪络的情况下,不致引起击穿而危及工作人员的安全。

（3）隔离开关应具有足够的热稳定、动稳定、机械强度和绝缘强度。

（4）隔离开关在跳、合闸时的同期性要好,要有最佳的跳、合闸速度,以尽可能地降低操作时的过电压。

（5）隔离开关的结构应简单,动作要可靠。

（6）带有接地刀闸的隔离开关,必须装设连锁机构,以保证隔离开关的正确操作。即停电时,先断开隔离开关,后闭合接地刀闸;送电时,先断开接地刀闸,后闭合隔离开关。

9.5.4　隔离开关的结构及原理

隔离开关的基本结构和用途是统一设计的,所以结构组成基本一致,如图 9-3 所示。

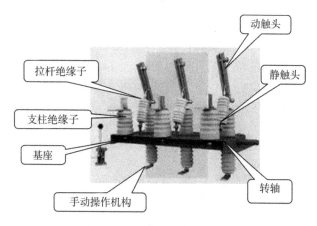

图 9-3   隔离开关结构图

（1）支持底座。该部分起支持和固定作用,其将导电部分、绝缘子、传动机构、操动机构等固定为一体并使其固定在基础上。

（2）导电部分。包括触头、闸刀、接线座。该部分的作用是传导电路中的电流。

（3）绝缘子。包括支持绝缘子、操作绝缘子。其作用是将带电部分和接地部分绝缘开来。

（4）传动机构。它的作用是接受操动机构的力矩并通过拐臂、连杆、轴齿或是操作绝缘子将运动传动给触头以完成隔离开关的分、合闸动作。

（5）操动机构。与断路器操动机构一样通过手动、电动、气动、液压向隔离开关的动作提供能源。

9.5.5   百色那比水力发电厂隔离开关的配置参数(表9-2)

表 9-2   隔离开关的配置参数表

编　号	151-1、152-1、153-1、154-1、153-2、154-2
电力系统标称电压	110 kV
额定电压	126 kV
额定电流	1 250 A
额定频率	50 Hz
额定雷电冲击耐压(1.2/50 μs)	550 kV
相对地(峰值)	550 kV
断口间(峰值)	650 kV

续表

编　号	151 - 1、152 - 1、153 - 1、154 - 1、153 - 2、154 - 2
额定 1 min 工频耐压	230 kV
相对地(峰值)	230 kV
断口间(峰值)	300 kV
分、合闸时间	4 s
额定控制电压	DC 220 V
操动机构电源	AC 220 V
操作机构型式	电动弹簧机构;远方和就地操作;其间有闭锁
分合电流能力(有效值)	
电容电流	1 A
电感电流	6 A
额定短时耐受电流(有效值)/ 持续时间	31.5 kA/4 s
额定峰值耐受电流(峰值)	80 kA

9.6　其他设备

1. 封闭母线(图 9-4)

封闭母线是以金属板(钢板或铝板)为保护外壳,连同导电排、绝缘材料及有关附件组成的母线系统。

封闭母线包括离相封闭母线、共箱(含共相、隔相)封闭母线和电缆母线,广泛用于发电厂、变电所、工业和民用电源的引线。

图 9-4　封闭母线实物图

119

2. 电压互感器（图 9-5）

电压互感器（简称 PT，也称 VT）和变压器类似，是用来变换线路上电压的仪器。但是变压器变换电压的目的是输送电能，因此容量很大，一般都是以千伏安或兆伏安为计算单位；而电压互感器变换电压的目的，主要是给测量仪表和继电保护装置供电，用来测量线路的电压、功率和电能，或者在线路发生故障时保护线路中的贵重设备、电机和变压器，因此电压互感器的容量很小，一般只有几伏安、几十伏安，最大也不超过一千伏安。

图 9-5　电压互感器实物图

3. 电流互感器（图 9-6）

电流互感器依据电磁感应原理，由闭合的铁芯和绕组组成。它的一次侧绕组匝数很少，串在需要测量的电流的线路中，因此它经常有线路的全部电流流过；二次侧绕组匝数比较多，串接在测量仪表和保护回路中，电流互感器在工作时，它的二次侧回路始终是闭合的，因此测量仪表和保护回路串联线圈的阻抗很小，电流互感器的工作状态接近短路。电流互感器是把一次侧大电流转换成二次侧小电流来使用，二次侧不可开路。

图 9-6　电流互感器实物图

4. 接地开关(图 9-7)

接地开关用于电路接地部分的机械式开关,它能在一定时间内承载非正常条件下的电流(如短路电流),但不要求它承载正常电路条件下的电流。

接地开关设有灭弧装置,作用:①代替携带型地线,在高压设备和线路检修时将设备接地,保护人身安全。②造成人为接地,满足保护要求。

图 9-7　接地开关实物图

5. 快速接地开关(图 9-8)

快速接地开关是具有一定关合短路电流能力的一种特殊用途的接地开关。当线路接地故障被切除后,由相邻运行线路供电形成故障线路的潜供电流,利用快速接地开关关合,可消除潜供电流,再快速开断接地开关,确保线路自动重合闸能成功。

普通的接地开关配置在断路器两侧隔离开关旁边,仅起到断路器检修时两侧接地的作用。而快速接地开关配置在出线回路的出线隔离开关靠线路一侧,它有两个作用:①开合平行架空线路由于静电感应产生电容电流和电磁感应产生电感电流。②当外壳内部绝缘子出现爬电现象或外壳内部燃弧时,快速接地开关将主回路快速接地,利用断路器切除故障电流。

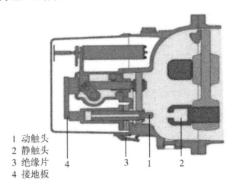

1 动触头
2 静触头
3 绝缘片
4 接地板

图 9-8　快速接地开关结构图

6. 避雷器(图 9-9)

避雷器是用于保护电气设备免受雷击时高瞬态过电压的危害,并限制续流时间,也常限制续流幅值的一种电器。避雷器有时也称为过电压保护器、过电压限制器。

图 9-9　避雷器实物图

9.7　运行规定及操作

9.7.1　一般的运行规定

(1) 运行值班人员必须熟悉本厂电气系统接线方式和设备名称、结构、性能、编号及位置。

(2) 熟练掌握各种运行方式及事故处理方法,了解与本厂系统有关的电网结构,牢记改变系统运行方式的原则。

(3) 潮流分配均匀,设备不过载。

(4) 系统接线简单明了,满足灵活性要求,避免频繁操作。

(5) 厂用电系统应有可靠的工作电源和备用电源,各分段厂用电源应尽可能保持同期。

(6) 正常情况下厂用电应分段运行。

(7) 满足防雷保护的要求和继电保护的正常配合。

(8) 在保证安全的同时力求系统经济运行。

(9) 保证电能质量,使电压、周波在允许变动范围内。

(10) 电气设备运行及事故处理必须执行本规程。

（11）线路有关设备必须按照电网调度的授权逐项操作。

（12）升压站和其他主机设备的运行方式由本公司决定，但是操作之前应通报电网调度。

9.7.2 典型的运行操作

发电厂电气设备的状态分为运行、热备用、冷备用、检修4种状态。

（1）运行状态：该状态是指电气设备的隔离开关及断路器都在合闸状态且带有电压。

（2）热备用状态：该状态是指电气设备具备送电条件和启动条件，断路器经合闸转变为运行状态。电气设备处于热备用状态下，随时有来电的可能性，应视为带电设备。联动备用。

（3）冷备用状态：电气设备除断路器在断开位置外，隔离开关也在分闸位置。此状态下，未履行工作许可手续及未布置安全措施，不允许进行电气检修工作，但可以进行机械作业。

（4）检修状态：该状态是指电气设备的所有断路器、隔离开关均断开，电气值班员按照《电业安全工作规程》及工作票要求布置好安全措施。

电气设备的倒闸操作规律就是基于上述4个阶段进行，但检修设备拆除接地线后，应测量绝缘电阻合格，才能转换为另一状态。

9.8 典型故障处理

9.8.1 GIS故障处理

9.8.1.1 内部放电

1. 设备内部绝缘放电

（1）原因

①绝缘件表面破坏，绝缘件浇注时有杂质。

②绝缘件环氧树脂有气泡，内部有气孔。

③绝缘件表面没有清理干净。

④吸附剂安装不对，粉尘粘在绝缘件上。

⑤密封胶圈润滑硅脂油过多，温度高时融化掉在绝缘件上。

⑥绝缘件受潮。

⑦气室内湿度过大，绝缘件表面腐蚀。

（2）处理

①原材料进厂时严格控制质量。

②加工过程时控制工艺。

③零部件装配时进行清理。

④库房、过程管理，真空包装。

2. 主回路导体异常

（1）原因

①导体表面有毛刺或凸起。

②导体表面没有擦拭干净。

③导体内部有杂质。

④导体端头过渡、连接部分倒角不好，导致电场不均匀。

⑤屏蔽罩表面不光滑，对接口不齐。

⑥螺栓表面不光滑；螺栓为内六角的，六角内毛刺关系不大，外表有毛刺时有害。

⑦导线、母线断头堵头面放电一般为球断头。

（2）处理

①控制尖角、磕碰、毛刺、划伤。

②保持清洁度。

3. 罐体内部异常

（1）原因

①罐体内部有凸起，焊缝不均匀。

②盆式绝缘子与法兰面接触部分不正常。

③罐体内没有清洁干净。

④运动部件运动时可能脱落粉尘。

（2）处理

①认真清理，打磨焊缝。

②增加运动部件运动试验次数，增加磨合 200 次。

③所有打开部件必须严格处理。

9.8.1.2 回路电阻异常

1. 电阻过大、发热，固定接触面面积过大

（1）原因

①接触面不平整、凸起。

②接触面对口不平整、有凸起，接触不良。

③镀银面有局部腐蚀。

④螺栓紧固。

（2）对策

①打磨。

②涂防腐。

③按缩紧力矩要求把紧螺丝。

2. 插入式接触电阻大

（1）触头弹簧装设不良。

（2）插入式长度小，接触深度不够。

（3）触头直径不合适，对接不好。

（4）镀银腐蚀问题。

3. 导体本身电阻大

（1）材质本身杂质超标。

（2）焊接部分不均匀，有气孔。

9.8.1.3　六氟化硫（SF_6）漏气

（1）金属密封面表面有磕碰、划伤。

（2）铸件有针孔和损伤。

（3）铝合金面时间长老化、铝合金腐蚀。

（4）加工时表面擦出不足。

9.8.1.4　水分超标

1. 原因

（1）吸附剂安装不对。

（2）橡胶、绝缘子的气室可能会有烃气，用露点法仪器检测时，烃气干扰，导致测量误差。

（3）抽真空不足。

（4）存在空腔。

（5）保管不够，环境影响。

（6）部件受潮。

2. 对策

（1）改进运输、安装工艺。

（2）加吸附剂。

（3）抽真空尽量越低越好（国标 133 Pa；工业上用 50％，67 Pa）。

（4）阴雨天湿度大不允许安装。

9.8.2 断路器故障处理

9.8.2.1 断路器故障处理的原则

断路器故障的处理原则是先机械、后电气。因为如果机械部分故障未排除，使用电动操作，很容易扩大事故范围。

9.8.2.2 机械方面故障

1. 断路器小车推不到位的处理

检查：锁闭杆是否变形，锁闭孔是否移位，右侧闭锁板是否到位，航空插头后闭锁杆有无变形。

处理：锁闭杆变形可视情况就地或拆下处理。锁闭孔移位则需拉出小车至分间外，进入分间调整锁闭孔。右侧闭锁板未到位，则用操作手柄将其操作到位。航空插头后闭锁杆变形需拉出小车至分间外，进入分间调整或拆下处理。

2. 断路器拒合的处理

检查：用操作手柄进行手动合闸。

其故障分两种情况：

A. 合闸顶杆未与托架接触。

B. 合闸顶杆已将托架滚轮顶至合闸位，但松开操作手柄后滚轮未保持，随顶杆落下。

处理：A种情况属托架位置偏移或托架固定销钉脱落，在光线很好的情况下仔细检查机构，若是位置偏移，则根据偏移方向调整复位；若是托架固定销钉脱落，则重新装配滚轮轴，用合格销钉固定。

B种情况属合闸闭锁半月板扣入过少或未扣入，使合闸无法保持。调整半月板右侧的返回弹簧，使半月板开口位置适当，但要注意调整适度，不要过量，以免造成拒分。

注意：以上两点均需在断路器能量全部释放的情况下进行。

3. 断路器拒分的处理

检查：按下紧急分闸按钮无反应，脚踩紧急分闸板无反应。

原因一：分闸板变形或脱落。

原因二：分闸板与连杆脱落。

原因三：机构分闸连板角度过小。

原因四：分闸弹簧脱落。

处理：若是原因一引起的则拆下分闸板，将其整形恢复原状后重新固定在原位。若是原因二引起的则将分闸板与连杆重新连接。若是原因三引起的则调整机构分闸连板,使其角度略小于 180°。若是原因四引起的则将分闸弹簧重新旋入板孔内。

4. **断路器小车拉不出来的处理**

检查:右侧闭锁板是否已解除闭锁;紧急分闸连杆是否卡滞。如上述检查未发现异常,那么行程开关连杆档板已移位到断路器前端的可能性较大。

处理:拔下航空插头,打开断路器外盖,由体形较小的人从断路器下侧钻进去,拆下断路器前端下侧档板,拉出小车后重新装上档板。

9.8.2.3　电气方面故障

1. **断路器拒合的处理(电磁操作机构,电气回路方面故障)**

检查:一人在控制屏对断路器进行合闸操作,一人在断路器当地观察。

现象:A. 接触器无动作、无声响。B. 接触器有动作,断路器合不上闸。C. 接触器有动作,断路器合闸中很快分闸。

处理:

A 类故障有 5 种可能:①断路器行程开关接触不良或损坏。②断路器航空插头接触不良。③接触器线圈烧损。④辅助开关触点接触不良。⑤回路断线。

遇情况①时,拉出小车至分间外,处理或更换行程开关。紧急情况可在端子排上直接短接其节点。

遇情况②时,拔下航空插头,拆开插头,检查其接线有无松动或脱落,触头有无放电或氧化。按工艺更换或检修。

遇情况③时,更换接触器线圈即可。

遇情况④时,调整辅助开关连杆或月牙板,调整时要兼顾分闸辅助节点,否则更换辅助开关。

遇情况⑤时,可用线的预留长度将其连接,否则使用预留线更换。

B 类故障有 3 种情况:①接触器触点接触不良。②合闸线圈烧损或老化。③合闸保险接触不良或熔断。

遇情况①时,拆下接触器动触头进行打磨,同时打磨静触头,调整动、静触头间隙在 3.5～5 mm 范围内。

遇情况②时,更换合闸线圈。

遇情况③时,取下合闸保险,测量其电阻,若无阻值则更换,否则重新装上直到故障消除。

C 类故障有 2 种情况:①辅助开关触点转换不良。②合闸闭锁半月板扣入过少或未扣入。

遇情况①时,调整辅助开关连杆或月牙板,调整时要兼顾分闸辅助节点,否则更换辅助开关。

遇情况②时,参照同问题(机械方面故障)的 B 类情况处理。

2. 断路器拒分的处理(电磁操作机构,电气回路方面故障)

检查:一人在控制屏对断路器进行分闸操作,一人在断路器当地观察。

现象:A. 分闸线圈无动作、无声响。B. 分闸线圈动作,但分不下闸。

处理:

A 类故障有 4 种可能:①分闸线圈烧损。②分闸辅助开关触点转换不良。③断路器航空插头接触不良。④回路断线。

处理时对照二次图,用万用表逐点检查端子排上对应线路、分闸线圈、辅助开关节点处的电位,也可在控制母线断开的情况下测量各回路电阻。

遇情况①时,更换分闸线圈。

遇情况②时,调整辅助开关连杆或月牙板,调整时要兼顾合闸辅助节点,否则更换辅助开关。

遇情况③时,拔下航空插头,拆开插头,检查其接线有无松动或脱落,触头有无放电或氧化。按工艺更换或检修。

遇情况④时,可用线的预留长度将其连接,否则使用预留线更换。

B 类故障有 3 种可能:①机构分闸连板角度过小。②分闸线圈磁化或老化。③合闸闭锁半月板扣入过多。

遇情况①时,调整机构分闸连板使其角度略小于 $180°$。

遇情况②时,更换分闸线圈。

遇情况③时,调整半月板右侧的返回弹簧,使半月板开口位置适当,但要注意调整适度,不要过量,以免造成拒合。

9.8.3 隔离开关故障处理

1. 瓷瓶断裂故障

瓷瓶断裂既与产品质量有关,也与隔离开关的整体质量及操作方法有关。瓷瓶在烧制过程中控制不当可能造成瓷件夹生、致密性不均以及水泥胶装不良的问题,此外,质量检查松懈,导致个别质量低劣的瓷瓶组装成产品,投产时对安全构成极大威胁。操作方法不当,操作人员在开关隔离开关时用力过大,很容易损坏瓷瓶。

2. 导电回路过热

运行中常常发生导电回路异常发热现象,多数是由于静触指压紧弹簧疲劳、特性变坏,静触指单边接触以及长期运行接触电阻增加而造成的。在运行过程中,由于静态接触指压缩弹簧的长期压缩,如果工作电流大,温升超过允许值,接触指压缩弹簧的弹性会变差,出现恶性循环,最终会造成烧损,这是接触发热的主要原因。此外,触头镀银层工艺差、易磨损露铜,接触面脏污,触头插入不够、螺栓锈蚀造成线夹接触面压力降低等也是发热的原因。

3. 机构问题

机构问题表现为操作故障,如拒绝操作或开关不到位,这种情况在开关操作过程中经常发生,影响系统的安全运行。由于机构箱密封不好或锈蚀进水造成机构锈蚀严重、润滑干涸、操作阻力增大,操作困难的同时,还会损坏零部件,如变速齿轮断裂、连杆扭弯等。

4. 传动困难

隔离开关的传动系统生锈产生大的传动阻力,甚至使隔离开关拒绝打开或关闭。例如,基座轴承生锈而死,在运行过程中无法操作。这是由于传动部件主轴的干铜套筒、脏轴承和干黄油造成的。

9.8.4　电压、电流互感器故障处理

9.8.4.1　电压互感器故障处理

1. 电压互感器二次熔丝熔断

（1）现象

当互感器二次熔丝熔断时,下列现象会消失:有预报音响;"电压回路断线"光字牌会亮;电压表、有功和无功功率表的指示值会降低或到零;故障相的绝缘监视表计的电压会降低或零;"备用电源消逝"光字牌会亮;在变压器、发电机过流时,互感器熔丝熔断,低压过流保护可能误动。

（2）处理方式

先依据现象推断是什么设备的互感器发生故障,退出可能误动的保护装置,如低电压保护、备用电源自投装置、发电机强行励磁装置、低压过流保护等。然后推断是互感器二次熔丝的哪一相熔断,在互感器二次熔丝上下端,用万用表分别测量两相之间二次电压是否都为 100 V。假如上端是 100 V,下端没有 100 V,则是二次熔丝熔断,通过对两相之间上下端交叉测量推断是哪一相熔丝熔断,进行更换。假如测量熔丝上端电压没有 100 V,有可能是互感器隔离开关帮助接点接触不良或一次熔丝熔断,通过对互感器隔离开关帮助接点两相之间上下端交叉测量推断是互感器隔离开关帮助接点接触不良还是互感器一次熔丝熔断。假如是互感器隔离开关帮助接点接触不良,进行调

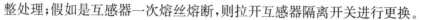

整处理;假如是互感器一次熔丝熔断,则拉开互感器隔离开关进行更换。

2. 电压互感器一次熔断器熔断

故障现象与二次熔丝熔断一样,但有可能发"接地"光字牌。由于互感器一相一次熔断器熔断时,在开口三角处电压有 33 V,而开口三角处电压整定值为 30 V,所以会发"接地"光字处理方式,与二次熔丝熔断一样。要留意互感器一次熔断器座在装上高压熔断器后,弹片是否有松动现象。

3. 电压互感器击穿熔断器熔断

凡采纳 B 相接地的互感器,二次侧中性点都有一个击穿互感器的击穿熔断器。熔断器的主要作用是:在 B 相二次熔丝熔断的时间,即使高压窜入低压,仍能使击穿熔丝熔断而使互感器二次有保护接地,保护人身和设备的安全,其击穿熔断器的电压约 500 V。故障现象与互感器二次熔丝熔断一样,此时更换 B 相二次熔丝,一旦换上好的熔丝就会熔断。不应盲目将熔丝容量加大,要查清缘由,是否互感器击穿熔丝已熔断。只有将击穿熔丝更换了,B 相二次熔丝才能够换上。互感器一、二次熔断器熔断及击穿熔断器熔断,在现象上基本一致,查找时一般是先查二次熔断器及帮助接点,再查一次熔断器,最终查击穿熔断器、互感器内部是否故障。假如发电机在开机时,发电机互感器一次熔断器常常熔断又找不出缘由,则有可能是由互感器铁磁谐振引起的。

4. 电压互感器冒烟损坏

电压互感器损坏,本体会冒烟,并有较浓的臭味;绝缘监视表计的电压有可能会降低,电压表及有功、无功功率表的指示有可能降低。发电机互感器冒烟,可能有"定子接地"光字牌亮;母线互感器冒烟,可能有"电压回路断线""备用电源消逝"等光字牌亮。

处理方式:假如在互感器冒烟前一次熔断器从未熔断,而二次熔断器多次熔断,冒烟不严重且无一次绝缘损伤象征,在冒烟时一次熔断器也未熔断,则应推断为互感器二次绕组间短路引起冒烟。在二次绕组冒烟而没有影响到一次绝缘损坏之前,马上退出有关保护、自动装置,取下二次熔断器,拉开一次隔离开关,停用互感器。对充油式互感器,假如在冒烟时,又伴随着较浓的臭味,互感器内部有不正常的噪声,绕组与外壳或引线与外壳之间有火花放电,或冒烟前一次熔断器熔断 2～3 次等现象之一时,应推断为一次侧绝缘损伤而冒烟。如是发电机互感器冒烟,则应马上用解列发电机的方式;如是母线互感器冒烟,则用停母线的方式停用互感器。此时,决不能用拉开隔离开关的方式停用互感器。

5. 单相接地故障

现象:故障相电压降低或为零,其他两相相电压上升或上升到线电压。

接地相的判别方式为:

(1) 假如一相电压指示到零,另两相为线电压,则为零的相即为接地相。

(2) 假如一相电压指示较低,另两相较高,则较低的相即为接地相。

(3) 假如一相电压接近线电压,另两相电压相等且这两相电压较低时,判别原则是"电压高,下相糟",即按 A、B、C 相序,哪相电压高,则其下相可能接地。适用于系统接地但未断线的故障,登记故障情况可以避免检修人员盲目查线。

6. 铁磁谐振

铁磁谐振就是由于铁芯饱和而引起的一种跃变过程。系统中发生的铁磁谐振分为并联铁磁谐振和串联铁磁谐振。

激发谐振的状况有:电源对只带互感器的空母线突然合闸,单相接地;合闸时,开关三相不同期。所以谐振的产生是在进行操作或系统发生故障时出现。中性点不接地系统中,互感器的非线性电感往往与该系统的对地电容构成铁磁谐振,使系统中性点位移产生零序电压,从而使接互感器的一相对地产生过电压,这时发出接地信号,很简单地将这种虚幻接地误判别为单相接地。在合空母线或切除部分线路或单相接地故障消逝时,也有可能激发铁磁谐振。此时,中性点电压(零序电压)可能是基波(50 Hz),也可能是分频(25 Hz)或高频(100～150 Hz)。常常发生的是基波谐振和分频谐振。依据运行阅历,当电源向只带互感器的空母线突然合闸时易产生基波谐振;当发生单相接地时,两相电压瞬时上升,三相铁芯受到不同的激励而呈现不同程度的饱和,易产生分频谐振。从技术上考虑,为了清除铁磁谐振,可以采取以下措施:选择励磁特性好的电压互感器或改用电容式电压互感器;在同一个 10 kV 配电系统中,尽量减少电压互感器的台数;在三相电压互感器一次侧中性点串接单相电压互感器或在电压互感器二次开口三角处接入阻尼电阻;在母线上接入一定大小的电容器,使容抗与感抗的比值小于 0.01,避开谐振;系统中性点装设消弧线圈,采纳自动调谐。

9.8.4.2　电流互感器故障的处理

1. 电流互感器开路故障的检查方法

电流互感器开路故障可通过对以下内容进行检查与判断,从而得出相应的故障处理方法。检查内容如下:

(1) 查看电路回路中各个仪表的数值。如果怀疑电流互感器在使用时发生了开路故障,那么第一步要做的工作必然是查看回路仪表的指示数值,看其是否出现了异常降低或者直接降至为零的情况,如果有,便可判定为开路故障。特殊情况下,如果电路中仪表的指示针时转时停,指示时有时无,那么则判定为半开路。

(2)听电流互感器的本身是否有噪声。之所以采用这种方法进行开路故障判断,主要是因为电流互感器在电力负荷小的时候并不会有明显的运行噪声,只有在开路电路中,由于磁通密度增加,导致互感器内硅钢片的振幅变小,振动不明显、不均匀,所以会产生较大的噪声。

(3)电流互感器二次回路端子元件接头等有放电打火现象。开路时,由于电流互感器二次产生高电压,可能使互感器二次接线柱与二次回路元件接头。接线端子等处放电打火,严重时使绝缘击穿。

2. 电流互感器二次开路故障的处理

戴线手套,使用绝缘良好的工具,尽量站在绝缘垫上,同时应注意使用符合实际的图纸,认准接线位置。电流互感器二次开路,一般不太容易发现。巡视检查时,互感器本体无明显现象时,会长时间处于开路状态。因此,巡视设备应细听、细看,维护工作中应不放过微小的差异。发现电流互感器二次开路,应先分清故障属哪一组电流回路开路的相别、对保护有无影响等。汇报调度,解除可能误动作的保护,尽量减少一次负荷电流。若电流互感器严重损伤,应转移负荷,停电检查处理。

尽快设法在就近的试验端子上,将电流互感器二次短路,再检查处理开路点。短接时,应使用良好的短接线,并按图纸进行。若短接时发现有火花,说明短接有效。故障点在短接点以下的回路中,可进一步查找。若短接时没有火花,则短接无效,故障点可能在短路点以前的回路中,可以逐点向前变换短接点,缩小范围。在故障范围内,应检查容易发生故障的端子及元件,检查回路有故障时触动过的部位。

第10章 ●
公共辅助系统

10.1 概述

百色那比水力发电厂公共辅助系统主要由机组技术供水系统、排水系统、油系统、压缩空气系统、量测系统等组成。

10.2 厂用电系统

10.2.1 水电站厂用电的定义及功能

厂用电在发电厂生产过程中,为主要设备和辅助设备正常运行以及全厂的运行操作、试验、检修、照明等提供电源。厂用电一旦停电可能会危及人身和设备安全,因此厂用电在电力生产过程中显得尤为重要。

水电厂厂用电率(指直接厂用电率)要求不大于 0.5%。

直接厂用电率=高厂变用电量/机端发电量。

综合厂用电率=(机端发电量-上网电量)/机端发电机发电量。

百色那比水力发电厂厂用电系统设备包括 10 kV、400 V 等两个部分的相关设备。

10.2.2　百色那比水力发电厂厂用电的配置概况

10.2.2.1　厂用电系统接线

10 kV厂用电系统采用两段母线供电方式,其中取♯1、♯2机发电机10 kV系统作为厂用电Ⅰ段电源;取♯3机发电机10 kV系统作为厂用电Ⅱ段电源。Ⅰ段母线和Ⅱ段母线独立运行。

400 V厂用电系统采用双层辐射式供电,即由主屏成辐射状供给分屏,再由分屏供给负荷;各个动力配电柜均采用双电源进线方式,设置备自投装置。

400 V电源分为Ⅰ、Ⅱ段,分别由91CG01TM、91CG02TM厂用变压器经真空断路器41CY01QF、41CY09QF从10kVⅠ段、Ⅱ段引接,并设有备投装置。同时,为了保证厂内的事故照明,还设有交、直流自动切换供电的事故照明电源装置。

400 V厂用电系统由母线、厂用变压器、断路器(真空开关)、各种自动装置组成。电源分别取自厂用10 kVⅠ、Ⅱ两段母线,设有备自投装置。厂用电包括蜗壳层动力配电箱、水轮机层动力配电箱、油库层动力配电箱、安装间动力配电箱、主变室动力配电箱、发电机层动力配电箱、中控室动力配电箱、GIS室动力配电箱、电梯机房动力配电箱、溢流坝动力配电箱、3个机旁盘动力配电箱13个独立系统。其中,厂区生活用电由400 VⅡ段母线供电;安装间检修配电箱和水轮机层检修配电箱取自400VⅠ段,GIS室检修配电箱取自400 VⅡ段。各个主屏的进线开关采用的是双电源开关,设置双电源高频切换装置,400 V厂用电系统中都是由主屏直接供给负荷。

照明系统400V电源为Ⅱ段母线供给,照明配电柜经过供电开关为42CY10QS供电,再分别经过空气断路器到各个照明配电箱。水轮机层事故照明配电柜直流供电开关为42CY1010QF,发电机层事故照明配电柜直流供电开关为42CY1011QF,中控室事故照明配电柜直流供电开关为42CY1012QF,GIS室事故照明配电柜直流供电开关为42CY1013QF。

10.2.2.2　设备规范

1. 10 kV母线设备规范

(1)发电机出口断路器(图10-1)

发电机出口断路器参数如表10-1所示。

表 10-1　发电机出口断路器参数表

发电机出口开关型号	150 Vcp - WG50	生产厂家	镇江大全伊顿电器公司
额定电压	12 kV	额定频率	50 Hz
开断额定短路开断电流时	CO - 30 min - CO	额定电流	2 kA
额定短路开断电流	直流分量 （百分数）75%	雷电冲击耐压	对地和相间 75 kV（峰值）
			断口间 85 kV（峰值）

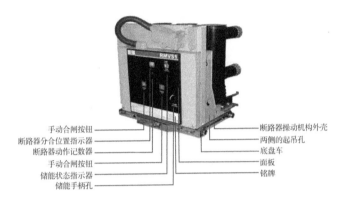

手动合闸按钮　　　　　　　　断路器操动机构外壳
断路器分合位置指示器　　　　两侧的起吊孔
断路器动作记数器　　　　　　底盘车
手动合闸按钮　　　　　　　　面板
储能状态指示器　　　　　　　铭牌
储能手柄孔

图 10-1　断路器面板上的信号指示及控制设备

（2）发电机出口断路器操作机构

发电机出口断路器操作机构参数如表 10-2 所示。

表 10-2　发电机出口断路器操作机构参数表

型　号	HA1914 - 11	类　型	HMB4.5
操作电源	AC380 V/220 V,50 Hz	控制电源	220 V DC
跳闸线圈	2 个	辅助触点	12 个常开、12 个常闭

（3）发电机出口接地开关

发电机出口接地开关参数如表 10-3 所示。

表 10-3　发电机出口接地开关参数表

型　号	NJ4 - 10/50	额定电压	12 kV
传感器电压等级	12 kV	关合电流	125 kA
额定短时耐受电流	50 kV/4 s	额定峰值耐受电流	125 kA

（4）避雷器柜

避雷器柜参数如表 10-4 所示。

表 10-4　避雷器柜参数表

型　　号		额定频率	50 Hz
额定电压(有效值)	13.8 kV	环境温度	−10→+45℃
防护等级	IP31	海拔高度	≤1 000 m
相对温度	≤90%		

2. 变压器规范

＃1、＃2厂用变参数如表10-5所示。

表 10-5　＃1、＃2厂用变参数表

设备编号		91CG01TM、92CG02TM	
型式及型号		三相干式无载调压电力变压器,SC11-400/10.5	
	额定电压(V)	额定电流(A)	短路阻抗(%)
一次侧	(1)11 025	21.01	4.3
	(2)10 762	21.62	
	(3)10 500	21.99	
	(4)10 237	22.61	
	(5)9 975	23.36	
二次侧	400 V	577.3	
冷却方式	AN/AF	额定容量	400 kVA
数　　量	2 台	出厂序号	1 006~1 203.1
连接方式	Dyn11	产品代号	1sft.710
绝缘水平	LI75AC35/AC3	绝缘等级	F
防护等级	IP00	主体重	1 720 kg
额定电压	高压侧:10.5 kV	温升限值	100 K
	低压侧:400 V	额定频率	50 Hz
低压侧中线点接地方式		直接接地	

3. 厂用配电开关设备规范

10 kV 开关参数如表10-6所示。

表 10-6　10 kV 开关参数表

设备型号	VD4-12/630 A-25 A	型式	户内、真空、可抽式
额定电压	12 kV	额定电流	2 000 A

续表

设备型号	VD4 - 12/630 A - 25 A	型式	户内、真空、可抽式
额定频率	50 Hz	额定 1 min 共频耐受电压	42 kV
额定雷电冲击耐受电压		额定短路开断电流	31.5 kA
额定短时耐受电流(4 s)	25 kA	瞬态恢复电压(TRV)峰值	20.6 kV
额定操作顺序	CO - 3 min - CO	额定频率	50/60 Hz
储能时间	15 s	储能电机电压(AC/DC)	250 V DC/AC
瞬态恢复电压上升率	1.6 kV/μs	额定自动重合闸操作顺序	O - 0.3 s - CO - 3 min - CO
非对称短路开断电流	27.3 kA	额定短路关合电流	63 kA
极间距	150/120 mm	合闸时间	55～67 ms
分闸时间	33～45 ms	燃弧时间(50 Hz)	小于等于 15 ms
重　量	525 LBS	开断时间	小于等于 80 ms
最小的合闸指令持续时间	20 ms(二次回路额定电压下);120 ms(如果继电器接点不能开断脱扣线圈动作电流)		
最小的分闸指令持续时间	20 ms(二次回路额定电压下);80 ms(如果继电器接点不能开断脱扣线圈动作电流)		

4. 电压互感器

电压互感器参数如表 10-7 所示。

表 10-7　电压互感器参数表

设备编号	型　式	原边电压	副边电压	二次线圈用途
91CG05TV 92CG12TV	户内、环氧树脂浇注绝缘、单相、三绕组	$10/\sqrt{3}$ kV	$0.1/\sqrt{3}$ kV $0.1/3$ kV 两个副边绕组	发电机电压母线保护测量用
02G01TV 09G02TV 15G03TV	户内、环氧树脂浇注绝缘、单相、三绕组	$10/\sqrt{3}$ kV	$0.1/\sqrt{3}$ kV $0.1/3$ kV 两个副边绕组	发电机出口保护及测量用
01G01ETV 10G02ETV 16G03ETV	户内、环氧树脂浇注绝缘、单相、双绕组	$10/\sqrt{3}$ kV	$0.1/\sqrt{3}$ kV	励磁及调速器用

5. 电流互感器

电流互感器参数如表 10-8 所示。

表 10-8　电流互感器参数表

设备编号	类型	用途	变比
1BA	0.2	发电机纵差 1 及故障录波	1 500/5
2BA	0.5	发电机纵差 2 及故障录波	1 500/5
3BA	10P20	测量	2 000/5
4BA	10P20	计量	2 000/5
5BA	0.5	测量	1 500/5
6BA	0.5	励磁	1 500/5
7BA	0.5	电流记忆低电压过电流、失磁、过负荷、逆功率、故障录波	2 000/5
8BA	0.2	发电机纵差 2、故障录波、计量	2 000/5
9BA	5P20	备用	3 150/5
10BA	5P20	测量、计量	4 000/5

6. 400 V 厂用电备自投装置（图 10-2）

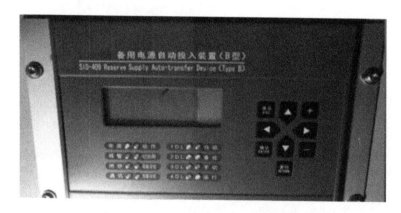

图 10-2　400 V 厂用电备自投装置

（1）装置主要功能

备自投功能；正常手动切换功能；保护功能；故障闭锁备自投功能；事件记录功能；切换录波功能；通信、打印、GPS 对时等功能。

（2）备自投功能说明

装置具有在母线失压（或工作开关误跳）下自动投入备用电源的功能，可实现一个母联断路器、4 个进线断路器的各种组合运行模式。对一些常用的运行模式，如母联或桥开关替续控制、两进线替续控制、热备用变压器替续控制、冷备用变压器替续控制、双备用电源热备用变压器替续控制，用户可以根据需要,通过整定参数设定所需的方案。

(3) 备自投原则

①为避免由于工作母线电压短暂下降导致备自投误动作,备自投装置母线失压启动延时必须大于最长的外部故障切除时间。

②为避免备自投装置合闸操作后将备用电源合于故障或工作电源向备用电源倒送电,必须确保工作电源被断开后再投入备用电源,备用断路器合闸操作前延时必须大于工作断路器完全切断电路的时间。

③备自投装置接收到外部闭锁信号(备投总闭锁)时,备自投装置不应动作。

④当备用电源电压不满足要求时,备自投装置不应动作。

⑤正常运行时,人工切除工作电源不应引起备自投装置动作。

⑥备自投装置的跳闸动作或合闸动作均只能进行一次。

⑦变压器备投的备用变压器为冷备用时,必须消除空合备用电源时变压器出现的励磁涌流以确保备投成功,因此在冷备用变压器备投场合应选配Sid-3YL 励磁涌流抑制器。

7. 400 V 断路器

400 V 断路器如图 10-3 所示。

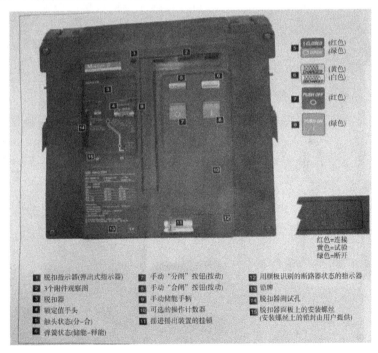

图 10-3　400 V 断路器

10.2.3 厂用电的运行方式

1. 厂用电系统正常运行方式

(1) 10 kV 厂用电系统有两段运行,Ⅰ段是由♯1机、♯2机和♯1主变供电,在机组停机时由主变通过系统供电。另从施工变电站引进作为厂用电的备用电源。

(2) 400 V 厂用电系统是从 10kV Ⅰ、Ⅱ 段母线分别通过断路器、厂用变压器引进,400 V 厂用电系统Ⅰ、Ⅱ段母线间装设有备用电源自动投入装置。备用电源自动投入装置根据进线开关的状态及电压监测进行启动,动作时首先动作进线开关进行分闸,然后动作母联开关进行合闸。为了保证电源可靠,采用的是高频切换开关。

2. 400 V 厂用电系统异常运行方式

(1) 400 V Ⅰ段母线失压,母线备用电源自动投入装置动作,41CY01QF 开关跳开,母联开关 41CY05QF 合上,由 400V Ⅱ段母线给 400 V Ⅰ段供电。

(2) 400 V Ⅱ段母线失压,母线备用电源自动投入装置动作,42CY09QF 开关跳开,母联开关 41CY05QF 合上,由 400V Ⅰ段母线给 400 V Ⅱ段供电。

(3) 在厂用电异常运行时候,我们应时刻注意检查事故照明电源的运行情况,保证事故照明系统的正常运行。

3. 厂用电系统开关控制方式

(1) 10 kV 厂用电系统开关控制方式有"远方""就地"两种控制方式,通过 10kV 盘柜上 SAH 旋钮来实现。

(2) 400 V 厂用电系统馈线开关全是塑壳抽屉式开关,其控制全为现地操作。

(3) 400 V 厂用电系统双电源开关控制方式有"自动"位置和"手动"位置。正常运行方式下切至自动位置,由计算机进行远方操作及控制。

(4) 当 10 kV 厂用电系统或 400 V 厂用电系统远方控制有故障或缺陷时,应到现场把母联开关的控制方式切至"手动",退出备自投装置。

10.2.4 厂用电的运行操作

1. ♯1厂用变检修操作步骤(接地开关)

(1) 自动倒换厂用电。

(2) 退出 400 V Ⅰ、Ⅱ 段母线联络断路器的备自投装置。

(3) 断开 400 V Ⅰ段进线开关。

（4）手动投入 400 V 中的母线联络开关。

（5）检查厂用电是否正常。

（6）断开厂用变高压侧的断路器。

（7）对♯1 高压厂变高、低压侧验无压,测绝缘及放电。

（8）对厂用变压器的高压侧与低压侧挂接地线。

（9）退出♯1 高压厂相关保护。

2. 400 V 厂用电倒换操作步骤

（1）退出 400 V 厂用电Ⅰ、Ⅱ段母线联络断路器的备自投装置。

（2）断开 400 V 厂用电Ⅰ段母线进线断路器。

（3）手动合上 400 V 厂用电Ⅰ、Ⅱ段母线联络断路器。

（4）检查 400 V 所带负荷是否正常。

3. 400 V 联络开关备自投装置操作

（1）400 V 联络开关备自投装置投运操作

将 400 VⅠ、Ⅱ段联络断路器备自投装置开关控制方式切至"远方"位置。

（2）400 V 联络开关备自投装置退出操作

将 400 VⅠ、Ⅱ段联络断路器备自投装置开关控制方式切至"手动"位置。

4. 遇到下列情况时,应停用备用自投装置

（1）某一段母线停电检查。

（2）某一段母线上电压互感器停电检查。

（3）备自投装置自身故障。

（4）按现场要求,无须投入时。

5. 400 V 厂用变检修后投入运行的一般注意事项

（1）相关检修工作结束,所有安全措施（临时接地线、警告牌、临时遮栏等）全部拆除。

（2）对变压器进行一次全面检查,干式变压器内部清洁无杂物。

（3）测定变压器的绝缘电阻并确认合格。

6. 厂用电系统运行时一般注意事项

（1）各开关盘柜无故障信号,各负载开关处于正常状态。

（2）当厂用电因正常操作或故障引起倒换时,应全面检查厂用电自动倒换是否正确。

（3）厂用电正常运行时,备自投装置按现场要求投入,当任一母线失压时,装置应正常动作,如自投装置未投或故障时,手动倒换恢复厂用电正常供电。

7. 厂用电系统操作注意事项

（1）开关分合闸操作现地手动操作为主，以远方计算机操作为辅。

（2）除紧急操作及事故处理外，一切正常操作均按照规程填写操作票，并严格执行操作监护及复诵制度。

（3）厂用电系统送电操作时，应先合电源侧隔离开关，后合负荷侧隔离开关；先合电源侧断路器，后合负荷侧断路器。停电操作顺序与此相反（检查盘柜的切换开关）。

（4）厂用电中断时，应密切监视机组调速器运行状况、励磁情况、保护动作情况、压油槽油压、集水井水位、气系统压力的变化以及主变温度和冷却器的运行情况，及时恢复其正常供电，保证各值在规定的范围内。

（5）注意停电时对有关负荷的影响，送电后应检查负荷的运行情况。

10.2.5　10 kV 系统五防闭锁

（1）断路器手车在试验位置合闸后，小车断路器无法进入工作位置（防止带负荷合闸）。

（2）接地开关在合闸位时，断路器无法进合闸（防止带接地开关合闸）。

（3）断路器在工作位合闸时，盘柜后门接地刀上的机械与柜门闭锁（防止误入带电间隔）。

（4）断路器在工作位合闸时，接地开关无法合闸（防止带电合接地开关）。

（5）断路器在工作位置合闸时，无法退出小车断路器的工作位置（防止带负荷拉刀闸）。

10.2.6　常见故障及处理

10.2.6.1　厂用电中断

1. ♯1（♯2）厂用变失电

（1）两台高压厂变中一台失电后，应立即检查厂用电 400 V 系统自动倒换是否正常，对其失电变压器进行隔离。

（2）如果有机组运行，应对机组的运行情况进行全面检查。

（3）如果是保护引起的厂用电系统开关跳闸，检查保护动作情况，对其二次回路进行检查，查找跳闸原因，检查一次设备有无异常。

（4）联系有关人员处理，恢复厂用电正常运行方式。

2. ♯1、♯2高压厂变同时失电

（1）密切监视调速器油罐油压及高压气罐气压和顶盖水位，保证调速器压力油罐的压力,关闭解压的阀门,尽量不改变机组负荷。

（2）检查判明失电及故障原因,尽快恢复 400 V Ⅰ 段或 Ⅱ 段母线电压。

（3）联系有关人员处理,恢复厂用电正常运行方式。

（4）若 400 V Ⅰ 段或 Ⅱ 段母线短时间内无法恢复,则停所有机组运行,设法恢复厂用电。

3. 厂用电全部消失

（1）密切监视调速器油罐油压及高压气罐气压和顶盖水位,尽量不改变机组负荷。

（2）调查厂用电失电的原因,如果是线路失压,则进行下面的步骤。

（3）若因出线开关引起的线路失压则联系调度。

（4）检查出线开关。

（5）断开主变高压侧断路器。

（6）如果查出原因,检修完毕以后恢复送电或者对母线充电、主变充电,恢复厂用电,检查机组用电是否正常,是否可以正常开机。

（7）联系调度恢复线路送电,开机并网运行。

10.2.6.2 厂变电流速断

厂变电流速断,过流保护动作后需进行以下操作。

（1）检查保护动作情况。

（2）现场检查一次设备有无明显故障。

（3）如母线无明显故障,测绝缘合格后,恢复停电母线供电。

（4）做好安全措施,汇报领导,通知检修人员处理。

10.2.6.3 厂用变温度不正常升高

厂用变温度不正常升高时,应进行下列检查:

（1）变压器三相电流是否不平衡。

（2）变压器是否过负荷运行。

（3）检查冷却系统是否正常。

（4）检查温度计指示是否正常。

（5）环境温度及通风是否异常。

（6）如以上检查均未发现问题,而温度继续上升,则将变压器退出运行。

（7）联系有关人员检查处理。

10.2.6.4 厂用变零序过流保护动作处理

（1）全面检查高压厂变压侧一次部分。

（2）测量高压厂变高压侧绝缘。

（3）如绝缘正常，经厂部同意后可试送电一次，如保护仍动作，通知有关人员处理。

10.2.6.5 厂用变过电流保护

（1）检查保护动作情况。

（2）检查变压器低压侧一次部分。

（3）测量变压器低压侧（带 10 kV Ⅱ 段母线）绝缘。

（4）如绝缘正常，复归保护后，经厂部同意可试送电一次。

（5）试送电不成功，通知有关人员处理。

10.3　气系统

10.3.1　概述

百色那比水力发电厂压缩空气系统由 6 MPa 高压空气系统和 0.8 MPa 低压空气系统组成。

（1）6 MPa 高压空气系统：由两台高压气机，一个 2 m³ 高压储气罐，空气过滤器，自动化控制装置，阀门及相关管路等组成；用于调速器压油罐的充气、补气。

（2）0.8 MPa 低压空气系统：由两台 3 m³ 低压气机组成的低压储气罐，以及空气过滤器，气水分离器，自动化控制装置，阀门及相关管路等组成；其主要用于机组的机械制动、围带供气和检修用气。

10.3.2　设备规范及运行参数

10.3.2.1　空气压缩机（表 10-9）

表 10-9　空气压缩机参数表

名称		参数	
		高压空气压缩机	低压空气压缩机
空气压缩机	生产厂家	南京英格索兰压缩机有限公司	上海英格索兰压缩机有限公司
	台数	2	2
	型号	HP15－55	R7IU－A8－X
	型式	往复式空气压缩机	螺杆式低压空压机
	排气量	0.92 m³/min	1.03 m³/min
	冷却方式	风冷	风冷
	排气压力	5.5 MPa	0.8 MPa
	传动方式		

名称		参数	
		高压空气压缩机	低压空气压缩机
空气压缩机	第一级压力		
	第二级压力		
	第三级压力		
	环境最高温度	≤40℃	≤40℃
	环境最低温度		
	排气温度	≤55℃	≤55℃
电动机	生产厂家	苏州东元电机有限公司	上海亚琦电机有限公司
	型号	AEEVNFYB8	00P-132M-2
	额定功率	11 kW	7.5 kW
	额定电压	380～415 V	380 V
	额定电流	27.0～24.7 A	14.9 A
	额定转速	1 460 r/min	≤1 480 r/min
	绝缘等级	F	F

10.3.2.2 压力气罐(表 10-10)

表 10-10 压力气罐参数表

项目	高压气罐	低压气罐
数量	1个	2个
额定压力	4.8 MPa	0.7 MPa
设计压力	6.4 MPa	0.8 MPa
最高工作压力	4.8 MPa	0.7 MPa
耐压实验压力	8 MPa	1.2 MPa
容积	1 m³	3 m³
容器类别	I	II
压力气罐安全阀动作	5.2 MPa	0.9 MPa

10.3.2.3 空气压缩系统设备运行参数(表 10-11)

表 10-11 空气压缩系统设备运行参数表

项目	高压气(MPa)	低压气(MPa)
压力气罐压力保持范围	4.2～4.8	0.6～0.7

续表

项目	高压气(MPa)	低压气(MPa)
压力气罐压力过高停机并报警	5.2	0.73
压力气罐压力过低报警	3.8	0.52
主用空压机启动	4.2	0.60
备用空压机启动	4.0	0.55
空压机停机	4.8	0.68

10.3.3 运行方式

10.3.3.1 高压空气系统

（1）高压空气系统用于调速器压油罐的充气、补气。

（2）高压空气系统空压机（图 10-4）、贮气罐额定工作压力为 6 MPa，减压到 4.8 MPa 后给压力油罐充气或补气。

（3）正常运行时，若压力油罐油位过高，通过自动补气阀 0 * QG01EV、0 * QG02EV 向压力油罐自动补气；需要时可以通过打开手动补气阀 0 * QG04 V 向油罐补气，打开手动补气阀 0 * QG04 V 前，必须先关闭压力油罐补气电磁阀后隔离阀 0 * QG03 V。

（4）正常时，两台高压空压机放在"自动"控制方式上，一台主用，一台备用，通过 PLC 控制定期自动轮换空压机优先级。

（5）高压空压机空载启动，停机时自动卸载 2 min，并且每隔 20 min 自动卸载 20 s。

图 10-4 高压空压机实物图

10.3.3.2　低压空气系统

（1）低压空气系统用于机组机械制动、空气围带（检修密封）及检修用气（图 10-5）。

（2）检修用气包括检修工具用气、吹扫设备用气。

（3）低压空气系统额定工作压力为 0.8 MPa。

（4）若检修或其他人员需要用气时，必须经过当班运行人员同意并说明用气所需时间。

（5）机械制动自动投入时，电磁阀 0 * QD02EV 励磁，风闸充气，投入机械制动；机械制动自动退出时，电磁阀 0 * QD02EV 失磁，风闸受弹簧压力落下；机械制动不能自动投入或检修隔离需要时，可手动投、退入机械制动。

（6）空气围带自动投入时，电磁阀 0 * QD01EV 励磁，空气围带投入；空气围带自动退出时，电磁阀 0 * QD01EV 失磁，空气围带退出；空气围带不能自动投入或检修隔离需要时，可手动投、退入空气围带。

（7）正常情况下，两台低压空压机放在"自动"控制方式上，一台主用，一台备用，通过 PLC 控制定期自动轮换空压机优先级。

（8）低压空压机空载启动，停机时自动卸载 2 min，并且每隔 20 min 自动卸载 20 s。

（9）正常情况下，两台低压空压机接到供气干管上，通过干管向两个低压气罐供气。

（10）正常情况下，两个气罐分开运行，联络阀 00QD21 V 阀在关闭位置，必要时检修气罐可通过联络阀 00QD21 V 阀向制动及围带气罐供气。

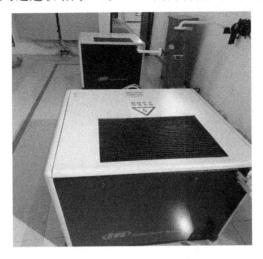

图 10-5　低压空压机实物图

10.3.4 运行操作

10.3.4.1 空压机检修完毕后启动前检查注意事项

（1）新装或检修后的设备试运行，必须有检修人员在现场，由运行人员操作。

（2）空压机出口手动阀一定要在开启的位置，否则空压机启动后安全阀会动作。

（3）空压机控制电源投入正常。

（4）空压机排污电磁阀插头已插好。

（5）各空压机无漏油，油位正常，油质合格。

（6）检查各压力气罐排污阀关闭，表计前阀门开启，表计指示正确。

（7）各阀门位置正确。

（8）电机接地线良好，空压机检修后或长时间停运情况下，启动前应测电机绝缘合格。

（9）各空压机皮带松紧适度，风叶无断裂。

（10）控制盘柜无故障信号。

（11）运行现场清理完毕，无妨碍设备运行的杂物及工具。

（12）复归空压机控制盘柜上的信号。

（13）手动启动空压机试验正常后恢复系统的正常运行状态。

10.3.4.2 空压机手动启停操作

（1）检查空压机启动条件满足。

（2）把要手动启动的空压机操作切换开关切至"手动"位置。

（3）检查空压机启动正常，无异常声音，管路无泄漏。

（4）检查空压机各级气缸压力正常。

（5）检查电机运行电流不超过额定值。

（6）监视空压机运行过程中压力气罐压力不超过额定值。

（7）把空压机操作切换开关切至"切除"位置。

10.3.4.3 空压机检修措施

（1）把要检修的空压机切至"切除"位置，另一台空压机切至"自动"位置。

（2）断开要检修的空压机动力电源。

（3）关闭要检修的空压机出口手动阀。

10.3.4.4 压力气罐检修后充气建压

（1）压力气罐建压必须要有运行人员在现场。

（2）确认空压机出口阀打开，压力气罐排污阀关闭。

（3）把空压机控制方式放在"手动"，手动启动一台空压机，若空压机温度达到规定时，停止空压机运行，再启动另一台空压机。

（4）当压力气罐到达额定工作压力时，停止空压机运行。

（5）把空压机运行方式放回"自动"。

10.3.4.5　压力油罐手动补气

（1）先关闭压力油罐补气电磁阀后隔离阀 0 * QG03 V。

（2）再打开压力油罐手动补气阀 0 * QG04 V。

（3）补气完成后，先关闭压力油罐手动补气阀 0 * QG04 V。

（4）再打开压力油罐补气电磁阀后隔离阀 0 * QG03 V。

10.3.4.6　机械制动手动投退操作

1. 机械制动手动投入

（1）当机械制动不能自动投入或检修隔离需要时，手动投入机械制动。

（2）手动投入机械制动前，先检查制动压力正常，机械制动电磁阀前、后手动阀 0 * QD11 V、0 * QD12 V 在打开位置，机械制动手动投入阀 0 * QD013 V、排气阀 0 * QD14 V 在关闭位置。

（3）关闭机械制动电磁阀前、后手动阀 0 * QD11 V、0 * QD12 V。

（4）打开机械制动手动投入阀 0 * QD13 V。

（5）确认机械制动已投入。

2. 机械制动手动投入后退出

（1）手动退出机械制动前，检查机械制动电磁阀前、后手动阀 0 * QD11 V、0 * QD12 V 在关闭位置，机械制动手动投入阀 0 * QD013 V 在打开位置，排气阀 0 * QD14 V 在关闭位置。

（2）关闭机械制动手动投入阀 0 * QD013 V。

（3）打开机械制动手动排气阀 0 * QD014 V。

（4）确认机械制动已退出。

（5）关闭机械制动排气阀 0 * QD014 V。

（6）打开机械制动电磁阀前、后手动阀 0 * QD11 V、0 * QD12 V。

10.3.4.7　空气围带手动投退操作

1. 空气围带手动投入

（1）在停机状态下，主轴密封损坏或者检修、检查需要时投入空气围带。

（2）手动投入空气围带前，先检查机组停机状态，围带进气压力正常，空气围带投入电磁阀前、后手动阀 0 * QD02 V、0 * QD03 V 在打开位置，空气围带手动投入阀 0＊QD004 V、排气阀 0＊QD09 V 在关闭位置。

（3）关闭空气围带投入电磁阀前、后手动阀 0＊QD02 V、0＊QD03 V。

（4）打开空气围带手动投入阀 0＊QD004 V。

（5）确认空气围带投入。

2. 空气围带手动投入后退出

（1）手动退出空气围带前，检查空气围带投入电磁阀前、后手动阀 0＊QD02 V、0＊QD03 V 在关闭位置，空气围带手动投入阀 0＊QD004 V 在打开位置，排气阀 0＊QD09 V 在关闭位置。

（2）关闭空气围带手动投入阀 0＊QD004 V。

（3）打开空气围带排气阀 0＊QD009 V。

（4）确认空气围带已退出。

10.3.5 常见故障及处理

10.3.5.1 空压机需停止的情况

发生下列情况，应立即手动停止空压机运行。

（1）运行中的空压机从观油镜中看不到油位。

（2）空压机本体润滑油油温或电动机温度、电流超过允许值。

（3）空压机或电动机冒烟，有一股浓烈的焦臭味。

（4）空压机内部有碰撞声、摩擦声或其他异常声音。

（5）空压机或管路有漏气。

（6）电源电压降低不能维持正常运转。

（7）空压机各级出口压力不能稳定上升或超过整定值。

（8）电动机缺相运行。

10.3.5.2 压力气罐压力降低处理

（1）检查压力气罐压力确实下降。

（2）检查主用、备用空压机是否都启动，如果未启动，则手动启动；若已经启动，而气压继续下降，应立即检查空压机是否正常打气，全面检查空气系统，发现漏气、跑气现象则立即隔离系统。

（3）若属检修用气量过大，则通知用气人员，减小或停止用气。

10.3.5.3 压力气罐压力过高处理

（1）检查后发现压力气罐压力确实升高。

（2）若空压机继续运行，则手动停止运行，分析检查空压机不停的原因。

（3）复归信号，使空压机恢复正常。

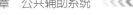

（4）在故障空压机故障未查清前，不能参加系统运行。

10.3.5.4　空压机温度过高处理

（1）检查自动启动空压机是否停止，若未停止则手动停止运行。

（2）检查油质，油位是否正常。

（3）空压机运转声音是否正常。

（4）运行时间是否过长。

（5）排除故障后，把空压机恢复正常状态。

10.4　技术供水系统

10.4.1　概述

为供水电站各种设备、消防、检修、生活等供排水而专门设置的设备及管路系统即水系统。它包括技术供水系统、消防供水系统、生活供水系统及排水系统。技术供水系统是水电站最基本的辅助系统。

10.4.2　技术供水系统的组成

技术供水系统的组成如图 10-6～图 10-9 所示。

图 10-6　取水总管及总阀实物图

（1）技术供水取水方式有机组蜗壳取水和坝前取水。

（2）技术供水向发电机上/下油冷却器、空气冷却器和水导冷却器供给冷却水。

（3）技术供水系统由机组各轴承冷却器、空气冷却器、过滤器、减压阀、压力表和连接系统所需的阀门、管路以及监控系统的压差变送控制器、压力变送器、流量变送控制器、测温电阻等组成。

（4）此外，技术供水还提供厂房消防用水及厂内生活用水。

图10-7　滤水器实物图

图10-8　技术供水电磁阀实物图

图10-9　技术供水手动旁通阀

10.4.3　设备规范及运行参数

10.4.3.1　技术供水设备规范(表 10-12)

表 10-12　技术供水设备参数表

全自动滤水器			
型号	ZLSG-200G		
公称流量	339 m³/h	过滤精度	3 mm
设计压力	1 MPa	工作压力	0.4~0.6 MPa
进出口径	200 mm(D_N)	排污口径	80 mm(D_N)
进出口压差	0.02~0.16 MPa	工作噪声	≤80 dB
整机质量	750 kg	电源	380 V,50 Hz

10.4.3.2　机组技术供水用水量及压力定额(表 10-13)

表 10-13　机组技术供水用水量及压力定额表

冷却器		个数	设计流量(m³/h)	工作压力(MPa)
发电机	上导轴承油冷却器	1	34	0.2~0.5
	空气冷却器	8	136	0.2~0.5
	下导轴承油冷却器	1	11	0.2~0.5
水轮机	水导冷却器	1		0.2~0.5

10.4.4　运行方式

机组技术供水运行方式如下。

机组技术供水以蜗壳取水为主用,坝前取水为备用。

1. 正常运行方式

通过机组蜗壳取水总阀 0*SG01 V 取水,经全自动滤水器、机组技术消防供水阀 0*SG09 V、机组技术供水总阀 0*SG10 V、减压阀 0*SG11 V、电动蝶阀 0*SG15 V 或技术供水手动旁通阀 0*SG17 V 及相关阀门向机组各冷却器提供冷却水。

2. 异常运行方式

当技术供水需要从大坝取水时,关闭蜗壳取水总阀 0*SG01 V,打开坝前取水总阀 00SG01 V;视机组具体情况,也可通过技术供水消防干管备用取水阀(01SG67 V、02SG67 V、03SG67 V)取水。此时,应检查备用取水进水水压,当机组启动后,密切监视各轴承冷却器和空气冷却器冷却水流量及温度。

机组正常开机时,技术供水电动蝶阀 0 ＊ SG15 V 自动打开;正常停机时,延时 5 min 技术供水电动蝶阀自动关闭。

机组技术供水最后排至相应的机组尾水管。

当技术供水系统中全自动滤水器 0 ＊ SG01FI 前后压差大于若干兆帕或运行 5 h 后,全自动滤水器自动排污。

10.4.5 运行操作

10.4.5.1 技术供水系统检查

第一次开机前或机组技术供水系统检修后应做以下检查:

(1) 检查机组技术供水进水水压是否正常。

(2) 检查各手动阀位置是否正确。

(3) 检查各电动阀控制电源投入是否正常。

(4) 确认全自动滤水器正常投入,前后压差小于 0.04 MPa。

(5) 确认各排污手动阀,泄压阀 0 ＊ SG01SV,表计前测量阀等在打开位置。

(6) 确认各阀门及管路无漏水现象。

(7) 计算机监控系统无机组技术供水系统异常报警信号,所有变量在正常监控状态。

10.4.5.2 技术供水系统充水

机组第一次开机前或技术供水系统检修后要进行充水的步骤:

(1) 检查蜗壳取水总阀 0 ＊ SG01 V 及技术供水总阀 0 ＊ SG10 V 在打开位置。

(2) 检查机组各冷却器进、出水阀门在打开位置。

(3) 检查技术供水系统其他相关阀门在打开位置。

(4) 关闭技术供水电动蝶阀前、后手动阀 0 ＊ SG14 V 和 0 ＊ SG15 V。

(5) 缓慢打开技术供水手动旁通蝶阀 0 ＊ SG17 V 进行充水。

(6) 充水完成后,关闭手动旁通蝶阀。

(7) 打开技术供水电动蝶阀前、后手动阀 0 ＊ SG14 V 和 0 ＊ SG15 V。

10.4.5.3 供水系统隔离

机组技术供水系统隔离操作步骤:

(1) 关闭并锁上蜗壳取水总阀 0 ＊ SG01 V、技术供水总阀 0 ＊ SG10 V。

(2) 关闭并锁上机组相应的排水手动阀。

10.4.6　常见故障及处理

10.4.6.1　机组技术供水压力不足

（1）现象：在报警站出现技术供水压力不足报警信息；定子绕组温度，机组各轴承油温、瓦温上升。

（2）原因：误信号，压力变送器故障或中间继电器辅助接点故障；滤水器堵塞；管路漏水或堵塞；减压阀故障；机组技术供水进水总阀 0＊SG10 V 开度过小。

（3）处理：严密监视各轴承温度；检查机组技术供水水源压力及技术供水进水总阀开度；检查减压阀前后压力是否正常；检查全自动滤水器是否堵塞，机组技术供水滤水器排污电动阀是否不能关闭，管路是否漏水、堵塞；检查传感器或继电器是否正常；换为备用技术供水。

10.4.6.2　机组技术供水中断

（1）现象：在报警站出现技术供水中断报警信息；定子绕组温度，机组各轴承油温、瓦温上升；跳机。

（2）原因：电动阀误动；传感器故障或中间继电器辅助接点故障。

（3）处理：监视各轴承温度；转移负荷；检查水源是否正常；检查电动蝶阀是否误动；尽快恢复水源正常；换为备用技术供水；检查传感器或继电器是否正常；如果温度上升很快，则立即申请停机。

10.4.6.3　全自动滤水器故障

（1）现象：报警站出现技术供水不足报警信息；定子绕组温度，机组各轴承油温、瓦温上升；电动阀排污漏水。

（2）原因：滤水器堵塞或传感器故障，滤水器电动排污阀机械卡阻。

（3）处理：检查电动排污阀是否正常；检查传感器是否误动；清洗滤水器；换为备用技术供水；如果温度上升很快，则立即申请停机。

10.5　厂房排水系统

10.5.1　厂房排水系统概述

水电站排水系统包括机组检修排水、厂内渗漏排水、生活卫生排水。主坝排水包括廊道排水。

百色那比水力发电厂厂房排水系统的工作原理：机组检修排水（隔离措施，结合图纸）时将压力钢管和蜗壳的积水通过蜗壳排水阀门排入尾水管，再打开尾水排水阀,通过检修排水管排至检修集水井,然后由检修排水泵排至尾水。百色那比水力发电厂选用2台自吸泵,检修排水泵布置在♯3机组进水蝶阀旁通阀侧(298.8 m高程)。

10.5.2 厂房排水系统主要设备的运行参数

1. 检修集水井

检修集水井的池高为4.4 m。

检修排水泵由装在集水井上的水位液位变送器控制,能以自动和手动两种控制方式运行,正常时一台工作、一台备用,定时切换,当一台水泵电机启动5次后自动换至另一台水泵电机。具体控制要求如下:当集水井水位达到1.2 m时,♯1泵启动排水;当集水井水位达至1.8 m时,♯2泵启动(2台泵同时工作);当集水井水位达到2.2 m时,发出水位过高报警信号;当集水井水位达到0.2 m时,2台同时停止运行。

2. 厂内渗漏排水(需结合图纸确定机组及其他排水的排水位置,图10-10~图10-13)

厂内水轮机层地漏排水、发机层地漏排水、蜗壳层地漏排水、主轴密封排水、顶盖自流排水(顶盖排水泵操作方法:在水轮机动力配电柜上有控制电源空开,监视压力表排水压力)、固定导叶和活动导叶下排水、蜗壳外层排水、蜗壳进水阀后段排水都排到渗漏集水井,由渗漏排水泵排至尾水。根据水工专业提供的水工建筑渗漏水井的池高为4.4 m,百色那比水力发电厂选用2台自吸泵,渗漏排水泵布置在♯2机组进水蝶阀旁通阀侧(298.8 m高程)。

图 10-10 抽水泵

图 10-11 自吸泵

图 10-12　液位变送控制器　　　　图 10-13　虹吸控制装置

排水泵由装在集水井上的水位液位变送器控制,能以自动和手动两种控制方式运行,正常时一台工作、一台备用,定时切换,当一台水泵电机启动 5 次后自动换至另一台水泵电机。具体控制要求如下:当集水井水位达到 2.2 m 时,♯1 泵启动排水;当集水井水位达到 3.2 m 时,♯2 泵启动(2 台泵同时工作);当集水井水位达到 3.6 m 时,发出水位过高报警信号;当集水井水位达到 0.2 m 时,2 台同时停止运行。

10.5.3　运行方式及操作

副厂房生活用水及卫生间排水先排至厂外的化粪池,再排至尾水下游。

机组主要排水:上导/推力轴承冷却水、发电机空气冷却器冷却水、下导轴承冷却水、水导轴承冷却水、滤水器上下排污腔排水、发电机水喷雾消防水、主变发电机水喷雾消防水和各层消火栓的消防水都排至尾水。

1. 上游流道排水

(1) 进水口检修闸门全关,并做好防止闸门提升的安全措施。

(2) 3 台机组蝶阀均全关,旁通阀(电动和手动)全开。

(3) 3 台机组技术供水已隔离。

2. 下游尾水管排水

(1) 蝶阀在全关位置且液压和机械锁定投入,旁通阀(电动和手动)关闭。

(2) 机组技术供水已隔离。

(3) 试启动检修排水泵是否正常,开启蜗壳排水阀,待尾闸两边平压后,落下尾水闸门。

（4）打开尾水管排水阀把水全部排至检修集水井。

（5）检查水位下降情况直到排完为止，确认水位低于尾水管进人孔后，方可开启进人孔。

10.5.4　常见故障处理

1. 水泵常见故障

操作电源空开未合、熔断器熔断、热继电器动作、控制回路断线等。

2. 处理

（1）检查控制柜电源是否正常和热继电器是否动作，若热继电器动作，按下复归。

（2）检查控制柜内动力电源空开是否在合闸，未合闸手动合上。

（3）若是需要检修电机，应关闭泵前手动蝶阀再检修。

10.6　水工系统

10.6.1　概述

那比水电站大坝为碾压混凝土重力坝，由坝基、坝体、坝肩、溢洪道组成。由于地震或地质构造变化及大坝自身情况，可能发生大坝沉降、变形、位移、失稳、溃坝事故。大坝的安全监测工作至关重要，大坝安全监测的内观项目包括坝基基岩变形、渗流、扬压力、坝体变形、开合度、混凝土应力应变、溢洪道钢筋应力、消力池钢筋应力、锚杆应力等。

百色那比水力发电厂水工建筑物由碾压混凝土重力坝、引水建筑物、泄水建筑物、消力池、厂房、左右岸道路交通组成。由大坝内观监测系统及人工水平垂直位移监测系统监测水工建筑物的安全稳定运行。

10.6.2　水工系统主要设备

大坝内观监测系统由廊道测站、大坝♯3 液压启闭机房监测站、厂房中心监测站组成。廊道测站含数据采集箱 4 个，电源通信管理箱 1 个；大坝♯3 液压启闭机房监测站含数据采集箱 1 个、电源通信管理箱 1 个；厂房中心监测站含浪潮（NF5280M5）数据库服务器 1 台、浪潮（NF3120M5）采集计算机 1 台、S5130S－28P－EI 网络交换机 1 台。人工水平垂直位移监测采用全站仪监测。

1. 数据采集箱(图 10-14)

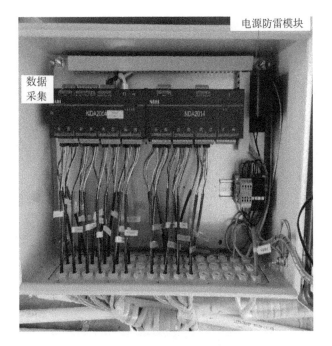

图 10-14　数据采集箱

2. 电源通信管理箱(图 10-15)

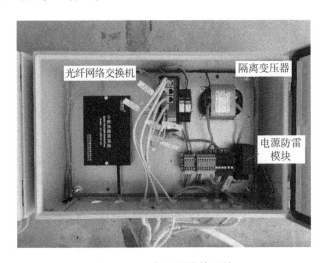

图 10-15　电源通信管理箱

3. 大坝安全运行管理系统(图 10-16、图 10-17)

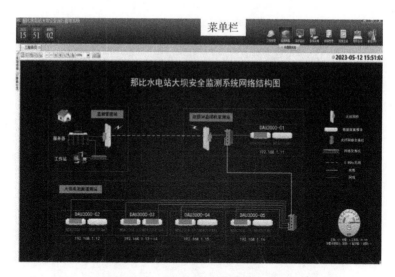

图 10-16 大坝安全运行管理系统

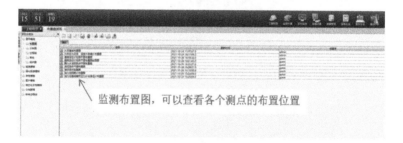

图 10-17 监测布置图

实时监控随时可以查看大坝监测安全测值报警表(大坝重点监控表、监测系统监控两个功能未投入使用,图 10-18)。

图 10-18 实时监测功能

报警点查询功能可查看报警点,分析其原因,及时处理故障(图 10-19)。

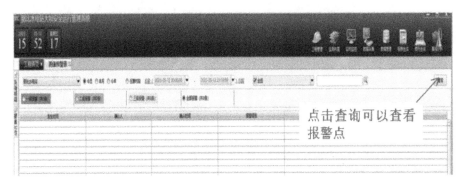

(a)

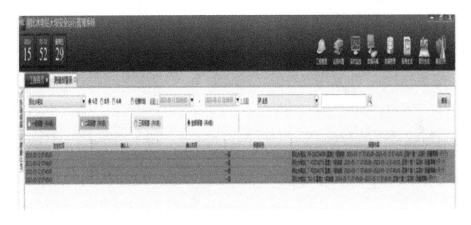

(b)

图 10-19　报警点查询

数据采集中定时测量为系统每天早上 07:00 定时自动监测,平常测量多用选点测量,包括测点选择及选测并取测量值(图 10-20~图 10-22)。

图 10-20　数据采集功能

图 10-21 数据采集测点选择

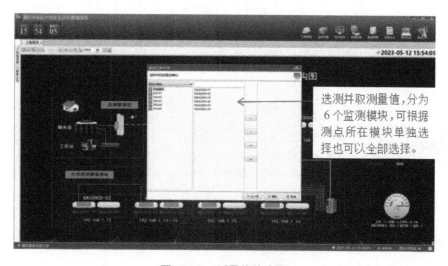

图 10-22 测量值的选取

数据管理中数据查询可以查看测点数据及测值组合(图 10-23)。

图 10-23 数据管理功能

数据管理中数据录入可以以 Excel 及文本模式录入(图 10-24、图 10-25)。

图 10-24 Excel 数据导入/导出

图 10-25 录入 Excel 表格

数据管理中换算整编可以查看测点的公式(图 10-26、图 10-27)。

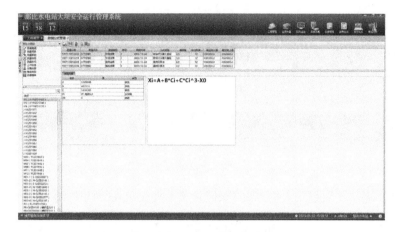

图 10-26　测点公式管理

图 10-27　导出 Excel 表格

报表生成功能中可以查看月报表及年报表(图 10-28～图 10-30)。

图 10-28　报表生成功能

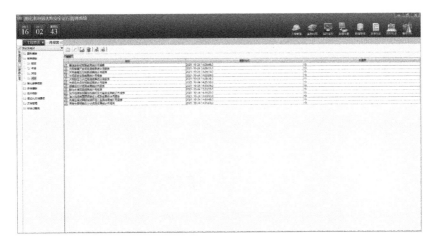

图 10-29　月报表选择界面

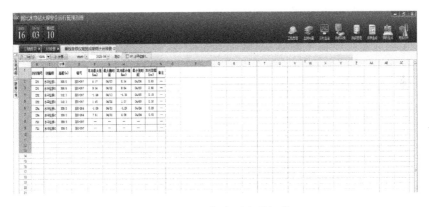

图 10-30　月报表测点特征值

图形生成功能中可以查看单点过程线、过程图(图 10-31、图 10-32)。

图 10-31　图形生成功能

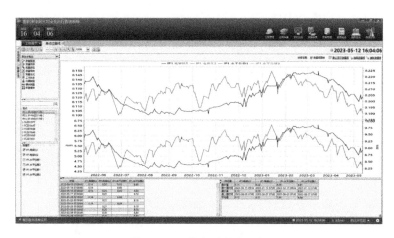

图 10-32　单点过程线示例

10.6.3　常见故障处理

工程界面查看报警表，根据报警信息，结合下列报警含义，进一步对测点查询处理；测量仪器为预埋件时，如处理不了，可判断为失效。

NDAErr0＝正常。

NDAErr1＝故障。

NDAErr2＝数据报警。

NDAErr3＝通道错误。

NDAErr4＝传感器类型错误。

NDAErr5＝电池电压过低。

NDAErr10＝传感器断线。

NDAErr11＝传感器短路。

NDAErr12＝超差。

NDAErr20＝上频测量故障。

NDAErr21＝下频测量故障。

NDAErr25＝线圈故障。

NDAErr26＝测温电阻引线短路。

NDAErr27＝测温电阻引线断路。

NDAErr28＝传感器错误。

NDAErr31＝频率测量故障。

NDAErr32＝温度电阻引线断线。

NDAErr33＝温度电阻引线短路。

NDAErr40＝中间极引线或极 PA、PB 引线均故障。

NDAErr41＝极 PA 引线故障。

NDAErr42＝极 PB 引线故障。

NDAErr43＝输入电路故障。

NDAErr44＝中间极与极 PA 绝缘不良。

NDAErr45＝中间极与极 PB 绝缘不良。

NDAErr46＝中间极与极 PA 或 PB 短路。

NDAErr49＝与变送器通信故障。

NDAErr50＝变送器测量故障。

NDAErr51＝与测量模块通信故障。

NDAErr60＝AD 转换器故障。

NDAErr61＝正向超限。

NDAErr62＝负向超限。

NDAErr63＝超量程。

NDAErr70＝CCD 坐标仪无阴影。

NDAErr71＝CCD 坐标仪无清晰阴影。

NDAErr72＝CCD 坐标仪多个阴影。

NDAErr90＝蒸发皿水位太高,排水泵或补水电动阀故障。

NDAErr91＝蒸发皿水位太低,补水桶缺水或补水电动阀故障。

10.7 油系统

10.7.1 概述

油系统定义:为供水电站机电设备用的透平油和绝缘油而配制的贮油、输油、回油处理设备及专用的管路系统。

为保证水电站设备的安全稳定运行和安全经济运行,油系统有以下几项任务:

(1) 接受新油:用油泵或自流方式将新油存到净油罐中。

(2) 贮备净油:在油库或油处理室随时贮存合格的、足够的备用油,以供发生事故时需要全部换用净油或正常运行时补充损耗之用。

(3) 设备充油:新装机组、设备大修后或设备中排出劣化油后需要充油。

（4）向运行中设备充油：运行中的设备由于各种原因而造成的用油减少，需及时补充用油。

10.7.2　油系统的组成

正确的油系统组成不仅能使机组可靠与经济的运行，从而缩短检修时间，而且能给系统管理提供灵活方便的良好条件。油系统一般由以下几部分组成。

（1）油库。油库用于放置各种贮存油的油槽或油桶等贮存设备。

（2）油处理室。油处理室用于放置各种输油和净油设备，中小型水电站主要有油泵、滤油机和电烘箱等。

（3）油化验室。油化验室用于放置油化验设备、仪器及药物等，对新油和运行油进行化验工作。

（4）管网。管网是用管道把各用油设备与贮油设备连接起来组成一个系统（图10-33）。供排油管应与气、水管路一并考虑，一般沿水轮机层上下游墙或水轮机层顶板布置。

图 10-33　油系统管网

（5）各种测量和控制元件。各种测量和控制元件用以对机组润滑和操作系统进行监视和控制，如液位信号器、示流信号器、温度信号器和油水混合信号器等。

10.7.3　油系统主要设备的运行参数

1. 电厂油库的组成

透平油库一般布置在水轮机层副厂房中或安装间下面。绝缘油库多布置在厂外主变压器附近,可为露天。室内油库油桶间距离不小于 0.8 m,桶墙间距离不小于 0.75 m;室外油库的上述距离不小于 1.5 m。油桶前通道不小于 1.5 m。

2. 油处理室(图 10-34)

油处理室应与油库相邻,管道和阀门沿墙布置,阀门距地面高度 1.0~1.5 m,离墙 0.2 m。设备间距离不小于 1.5 m,设备距墙不小于 1.0 m。压力滤油机与油泵不宜固定。油桶事故排油阀应装在油处理室。油处理室应设 6~8 m² 滤纸烘箱专用间。

图 10-34　油处理室

10.7.4　运行方式及操作

真空滤油的操作程序:

(1) 将污油由压力滤油机在贮油罐内循环过滤,初步清除油中杂质和水分。

(2) 将初步过滤的油输送到加热器加热,然后压向真空罐进行喷雾,使油喷成雾状。

(3) 待真空罐内油位计达 1/2 油量时,停一台压滤机或用油泵将罐内的油抽回至贮油罐,如此不断循环,控制进入真空罐的油压为 196~294 kPa,并调节出油,使进出油量平衡。

(4) 压力滤油机(图 10-35)的滤油质量好,能彻底消除机械杂质(但无法彻底消除水分),操作简单,使用方便,中小型电站应用较多。但压力滤油机的生产率不如离心滤油机高。

图 10-35　压力滤油机

10.8　消防系统

10.8.1　水电站设备的一般灭火原则

消防设计原则为"预防为主、防消结合",即针对火灾危险部位,生产的火灾危险性类别等级较高的建(构)筑物和主要场所,如油罐室、油处理室、电缆层、配电室及中控室等,采取相应的防火措施及设置必要的防火器材和设备。同时,电站工作人员均要进行一定程度的消防培训,以应对随时可能发生的火灾事故,最大限度地控制火灾的扩大,扑灭火源,减少人员伤亡和财产损失。

百色那比水力发电厂工程地处山区河流,运行人员较少,电站建筑物及构筑物多为钢筋混凝土结构,其耐火等级达到二级以上,火灾危险性较低。同时该工程建在河边,消防水源丰富。

10.8.2　消防系统的组成

百色那比水力发电厂消防系统的取水分为两路,一路为坝前取水,另一路为蜗壳取水,在任何情况下都应保证消防给水。

消防系统另装有 3 台加压泵,在水压异常时可启动加压泵调节消防水的压力。

全厂装有 21 个消火栓,3 套水喷雾灭火环管及水雾喷头,主变室各装有 1 套水喷雾灭火装置。

10.8.3 消防系统主要设备的技术参数(表 10-14)

表 10-14 消防水泵

立式单级离心泵			
型号	KQL125/2.20~5.5/4		
流量	87 m³/h	必需汽蚀余量	8 m
扬程	15 m	配套功率	5.5 kW
转速	1 480 r/min	重量	155 kg
编号	A1122353	出厂日期	2010 年 12 月

10.8.4 运行方式及操作

(1) 检查♯1 主变高压侧三工位隔离开关 151-1QS 在"分闸"位置。

(2) 检查♯2 主变高压侧三工位隔离开关 152-1QS 在"分闸"位置。

(3) 检查♯1 发电机水喷雾灭火装置进水总阀 01SX19 V、进水手动阀 01SX21 V 在"全关"位置。

(4) 检查♯2 发电机水喷雾灭火装置进水总阀 01SX23 V、进水手动阀 01SX25 V 在"全关"位置。

(5) 检查♯3 发电机水喷雾灭火装置进水总阀 01SX27 V、进水手动阀 01SX29 V 在"全关"位置。

(6) 打开消防供水 A 管♯1 水泵进水阀 01SX02 V、出口手动阀 01SX05 V。

(7) 打开消防供水 A 管♯2 水泵进水阀 01SX06 V、出口手动阀 01SX09 V。

(8) 打开消防供水 A 管♯3 水泵进水阀 01SX10 V、出口手动阀 01SX13 V。

(9) 打开♯1 主变水喷雾灭火装置进水总阀 01SX34 V、进水手动阀 01SX36 V。

（10）打开♯2 主变水喷雾灭火装置进水总阀 01SX38 V、进水手动阀 01SX40 V。

（11）手动启动消防供水 A 管♯1 水泵 01SX01PU。

（12）手动启动消防供水 A 管♯2 水泵 01SX02PU。

（13）手动启动消防供水 A 管♯3 水泵 01SX03PU。

10.8.5　常见故障处理

1. 水泵常见故障

操作电源空开未合、熔断器熔断、热继电器动作、控制回路断线等。

2. 处理方法

（1）检查控制柜电源是否正常和热继电器是否动作，若热继电器动作，按下复归。

（2）检查控制柜内动力电源空开是否在合闸，未合闸手动合上。

（3）若是需要检修电机，应关闭泵前手动蝶阀再检修。

10.9　视频系统

10.9.1　概述

1. 视频监控系统定义

视频监控系统是安全技术防范体系中的一个重要组成部分，是一种先进的、防范能力极强的综合系统。它可以通过遥控摄像机及其辅助设备（镜头、云台等）直接观看被监视场所的情况；可以把被监视场所的图像内容、声音内容同时传送到监控中心，使被监视场所的情况一目了然。同时，电视监视系统还可以与防盗报警等其他安全技术防范体系联动运行，使防范能力更加强大。目前，百色那比水力发电厂视频监控系统总计 53 个视频监控点，生产区域 48 个、生活区域 5 个。

2. 视频系统的组成

视频监控系统是由摄像、传输、控制、显示、记录登记等部分组成。摄像机通过视频电缆将视频图像传输到控制主机，控制主机再将视频信号分配到各监视器及录像设备，同时可将需要传输的语音信号同步录入录像机内。通过控制主机，操作人员可发出指令，对云台上、下、左、右的动作进行控制及对镜头进行调焦变倍的操作，并可通过控制主机实现在多路摄像机及云台之间的切换。利用特殊的录像处理模式可对图像进行录入、回放、处理等操作,使录像效果达到最佳。

　　视频监控系统一般由前端、传输、控制及显示记录 4 个主要部分组成。前端部分包括一台或多台摄像机以及与之配套的镜头、云台、防护罩、解码驱动器等;传输部分包括电缆和(或)光缆,以及可能的有线/无线信号调制解调设备等;控制部分主要包括视频切换器、云台镜头控制器、操作键盘、各类控制通信接口、电源和与之配套的控制台、监视器柜等;显示记录设备主要包括监视器、录像机、多画面分割器等(图 10-36)。

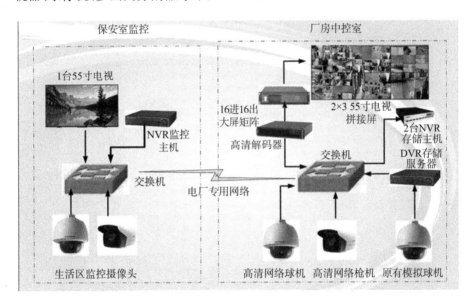

图 10-36　监控系统拓扑图

10.9.2　视频主要设备的技术参数(表 10-15)

表 10-15　视频系统设备参数表

序号	名称	型号	技术参数
1	超窄边 显示单元	HC-55BJP	(1) 显示屏幕对角线尺寸为 55 英寸,双边物理拼缝≤3.5 mm,响应时间≤8 ms; (2) 物理分辨率 1 920×1 080,屏幕比例为 16∶9; (3) 显示信号在屏幕上任意位置可以用于播放 HD-MI 信号高清图像,清晰度达到 1080P 以上

序号	名称	型号	技术参数
2	显示系统控制软件	V6.0	(1) 控制软件必须为中文操作界面,便于液晶拼接屏的管理与使用; (2) 基于 TCP/IP 网络的多用户实时操作; (3) 可实现对多种信号源定义、调度和管理; (4) 可实现任意信号源窗口模式组合的定义、编辑; (5) 可实现自定义多种显示模式灵活调用; (6) 在同一操作界面下实现视频信号、DVI 信号、HDMI 信号的切换、显示、控制功能; (7) 视频信号、DVI 信号、HDMI 信号可以同时在大屏幕上显示出来,窗口的位置、大小可以任意调整,各窗口之间可以覆盖、重叠并且互相不受影响; (8) 可实现任意信号在任意单屏、多屏、整屏上的显示
3	视频矩阵	CF-5000	(1) 输入接口:HDMI 不少于 10 路;输出接口:HDMI 不少于 16 路; (2) 内置控制管理平台在不需要外置服务器或中控的前提下,产品本身支持手机和平板控制; (3) 为了操作简洁,使用方便,需支持跨平台控制管理,支持安卓、IOS、Windows 系统,支持 RS232 和 LAN 双向控制以及第三方控制; (4) 支持多用户同步管理,后台数据实时同步更新到所有控制终端
4	400 万网络高清球机(4 寸)	DS-2DC4423IW-D	(1) 分辨率:400 万; (2) 红外照射距离:100 m; (3) 白光照射距离:80 m; (4) 光学变倍倍数:20 倍; (5) 水平视角:64.5°~3.2°(广角-望远); (6) 定时任务:预置点/花样扫描/巡航扫描/自动扫描/垂直扫描/随机扫描/帧扫描/全景扫描/球机重启/球机校验
5	400 万网络高清枪机	DS-2CD3T46WD-I3	参数:400 万星光级 1/2.7"CMOS ICR 日夜型筒型网络摄像机,红外 30 m,H.265/smart265 编码,支持智能报警
6	800 万网络高清枪机	DS-2CD3T86FWDV2-I5S(4MM)	参数:800 万星光级 1/2.7"CMOS ICR 日夜型筒型网络摄像机,红外 30 m,H.265/smart266 编码,支持智能报警
7	门卫室监控主机	DS-7932N-R4	硬件规格:2U 标准机架式支持 HDMI、VGA 同源输出 4 盘位,可满配 8TB 硬盘 2 个千兆网口、2 个 USB2.0 接口、1 个 USB3.0 接口、1 个 eSATA 接口;软件性能:输入带宽为 256M8 路 H.264、H.265 混合接入,最大支持 16×1 080P,支持 H.265、H.264 解码
8	硬盘	8T	SATA 接口监控级硬盘容量:8TB

序号	名称	型号	技术参数
9	监视器	DS－D5055UQ	显示类别:LED 屏幕尺寸 54.64″,点距 0.315(H)×0.315(V)mm,分辨率 3 840×2 160(pixels),工作分辨率 3 840×2 160,电源 AC100～240 V,50/60 Hz 功耗＜155 W
10	拼接解码器	DS－6908UD	画面分割:支持音频接口,支持 8 路音频输出、1 路对讲输入、1 路对讲输出;串行接口,1 个标准 232 接口(RJ45)、1 个标准 485 接口;报警接口,8 路报警输入、8 路报警输出
11	网络键盘	DS－1100K	网络/串口(232/485)接入方式,4 维摇杆控制,7 英寸 1 024×600 的触摸式液晶屏,音频输入/输出口,1 个 USB 接口,4 路 1080P,兼容公司各行业平台软件、全系列前后端、监控中心设备
12	汇聚交换机	LS－S5130S－28P－EI	24 个千兆电口,4 个千兆光口
13	交换机	TL－SG1016DT	8 个 10/100/1 000 Mbps,自适应端口
14	单模光纤收发器		100/1 001 Mbps,自适应端口

10.9.3　操作及故障处理

10.9.3.1　无监控图像的监控检修

(1) 如果只是单个画面出现故障,则先确认电视墙上屏后,再用操作电脑(电脑需与本监控系统为同一局域网)打开 CMD 命令提示符进行 Ping 没画面的摄像头 IP 地址看是否连通,或者在浏览器上输入摄像头 IP 进行查看能否登录。如果不能连通或者登录则说明监控摄像头出现网络或设备故障,需进一步检查摄像头末端及网络链路情况,操作如下:

①检查网线远近端接头是否松动。

②检查摄像头电源是否通电、电压是否正常。

③以上两项都正常,则用网络跳线直连摄像头检测设备故障,如不能登录,则设备有问题需返厂维修。

(2) 如果是多个画面出现故障,则先判断这些画面是不是有共通点,即是不是某一区域、某一机柜或同某交换机管辖下的摄像头,如果是,则先排查所在区域的统一供电设备、交换设备、主干线路是否出现故障;如果不是,则返回本节第一种情况,按其检修方式进行排查。

(3) 如果是某区域或某块拼接显示屏出现无画面但是蓝屏的情况,则先排查解码与矩阵之间的通信接口是否松动,然后排查操作软件设置是否出现了问题。如果出现黑屏基本上是拼接屏电源供电出现故障,排查供电设备即可。

(4)图像时有时无则考虑:电源电压供应是否稳定、网线水晶头是否松动未牢固、电源线是否有断线接触不良、设备 IP 地址是否有冲突,或是网络带宽达到上限导致有时摄像机无图像传输。

10.9.3.2 监控画面卡顿

1. 摄像机自身原因

网络摄像机生产厂家本身技术存在缺陷,应选择质量及售后有保障的监控产品品牌。

2. 解码器的解码能力不足

在电视墙添加摄像头或新增加摄像头的情况下,如果连接画面超过解码器的最大解码能力,会影响画面的流畅性,导致画面卡顿。考虑到资源不足,可能会引起画面卡顿或不显示,可以通过稍微降低码流或减少接入量来解决。

3. 布线链路用材质量太差或距离太远

一般正规国标网线最远传输距离建议不要超过 100 m,而劣质网线的传输性能更会大打折扣。如果采用了劣质网线,前期画面可能一切正常,后期随着线路的氧化衰减,容易导致信号传输丢包、时断时连、画面卡顿等问题。

4. 交换机的选择以及网络结构不合理

交换机的选择也会直接影响画面的流畅性,如果选择的网络设备交换转发能力差(或达不到系统总资源的要求),就会导致画面卡顿。选择交换机时不能只看包转发率与背板带宽,尤其是核心交换机,应详细了解交换机的用途与参数全面比较后选择。

10.9.3.3 大屏系统屏幕故障

(1)如果是单体、整体拼接屏出现无画面且屏面显示黑屏的情况,需检查屏接墙电源,检查电源连接情况。如果电源连接良好并确认电压正常,则考虑是拼接屏设备故障,需厂家技术支持确认返厂维修。

(2)如果是单体、整体拼接屏出现无画面但屏面显示蓝屏,先检查操作软件是否正常开关机,正常开关机则说明是软件部分操作设置出现问题,检查设置是否正常;不能开关机则检查串口线是否与电脑正常连接,操作软件通信设置是否被修改等。

10.9.3.4 监控维护工作注意事项

在对监控系统设备进行维护的过程中,应对一些情况加以防范,尽可能使设备运行正常,如做好防潮、防尘、防腐、防雷、防干扰的工作。

（1）由于监控系统的各种采集设备直接放置在多尘环境中,会对设备的运行产生直接影响,因此需要重点做好防潮、防尘、防腐蚀工作。

（2）如果相机长时间挂在棚底,防护罩和防尘玻璃上很快就会覆盖一层灰尘、碳灰等的混合物,脏、黑、有腐蚀性,造成设备损坏,严重影响观看效果。因此,有必要做好摄像头的防尘、防腐维护工作。在一些湿度较大的地方,在维护过程中应调整安装位置和进行设备保护,以提高设备本身的防潮能力,同时要经常采取除湿措施,解决高湿度地区设备的防潮问题。

（3）雷雨天气,设备易遭雷击,对监控设备的正常运行造成极大的安全隐患。因此,监控设备在维护过程中必须高度重视防雷。防雷措施主要是做好设备接地的防雷接地网,按照等电位体方案做一个独立的接地电阻小于 1 Ω 的综合接地网,杜绝弱电系统防雷接地与电力防雷接地网混用的做法。

（4）防止干扰。布线时应坚持强弱电分开的原则,将电力电缆与通信电缆、视频电缆分开,严格遵循通信、电力行业的布线规范。

10.10 LED 屏系统

10.10.1 概述

LED 信息屏系统是一个集计算机网络技术、多媒体视频控制技术和超大规模集成电路综合应用技术于一体的大型电子信息显示系统,具有多媒体、多途径、可实时传送的高速通信数据接口和视频接口。

百色那比水力发电厂 LED 屏系统由计算机专用设备、显示屏幕、视频输入端口和系统软件等组成。

（1）计算机及专用设备直接决定了系统的功能,可根据用户对系统的不同要求选择不同的类型。

（2）显示屏的控制电路接收来自计算机的显示信号,驱动 LED 发光产生画面,并通过增加功放、音箱输出声音。

（3）提供视频输入端口,信号源可以是录像机、影碟机、摄像机等,支持NTSC、PAL、S_Video 等多种制式。

（4）系统软件:提供 LED 播放专用软件,Powerpoint 或 ES98 视频播放软件。

10.10.2 操作及故障处理

10.10.2.1 软件安装

1. 安装操作

双击 Kommander_Z3_Setup_X64.exe 安装文件，根据软件安装向导进行安装操作。

2. 阅读安装许可协议

阅读安装许可协议，并选择"我同意此协议"，点击"下一步"（图 10-37）。

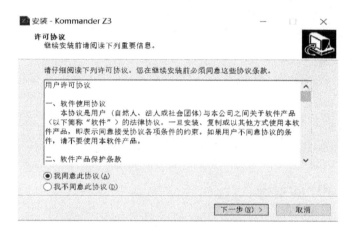

图 10-37　Kommander 安装界面

3. 选择软件安装路径

选择软件安装路径，确认后点击"下一步"（图 10-38）。

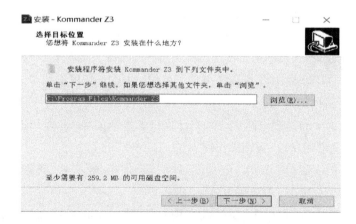

图 10-38　Kommander 安装路径

4. 开始安装软件

确认安装信息后,点击"安装",开始安装软件(图 10-39)。

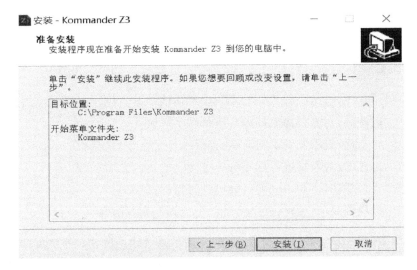

图 10-39 Kommander 安装信息

5. 系统进行安装

等待系统进行安装,看到如图 10-40 所示的信息后,安装成功。

图 10-40 Kommander 安装成功界面

6. 打开程序

安装完成后,系统自动生成桌面快捷方式,双击即可打开软件;或者在

"开始"中的"程序"里选择 Kommander Z3 程序组，进入该程序组下的 Kommander Z3 即可打开。

10.10.2.2　Kommander Z3 界面介绍

Kommander 软件界面(图 10-41)分为 7 大功能区域：菜单栏、预案区、播控区、状态栏、标签区、素材筛选区、素材资源区。

（1）菜单栏：菜单选项，包括文件、画布、资源、设置 4 个选项。

（2）预案区：将已经编辑好的场景生成播放预案，双击可以直接调用。

（3）播控区：对屏幕播放的内容进行编辑和监视。

（4）状态栏：查看及编辑对应素材属性。

（5）标签区：对素材进行标签分类管理。

（6）素材筛选区：对不同的素材类型进行筛选。

（7）素材资源区：素材资源展示区，可以浏览素材内容。

图 10-41　Kommander 软件主界面

10.10.2.3　功能介绍

1. 菜单栏

菜单栏选项中有文件、画布、资源和设置 4 部分内容。

（1）文件菜单(图 10-42)

文件菜单中主要是实现对工程文件的新建、打开、保存、关闭以及定时设置等操作。

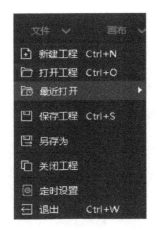

图 10-42 Kommander 文件菜单

（2）画布菜单（图 10-43）

画布菜单主要用于设置画布的大小比例及位置等参数。

图 10-43 Kommander 画布菜单

（3）资源菜单（图 10-44）

资源菜单主要用于添加各类素材到素材资源区。

图 10-44 Kommander 资源菜单

（4）设置菜单(图 10-45)

设置菜单主要用于对软件进行设置。

图 10-45　Kommander 设置菜单

①系统设置：设置软件运行的基本属性，便于软件流畅运行。

②设备联动：可以与凯视达处理器联动控制，实现硬件设备与软件一起切换。

③连接设备：用于 Pad 连接，实现移动端操作，提高操作灵活性，让演示和控制更贴合。

④屏幕模式：用于切换电脑复制/扩展模式。

2. 预案区(图 10-46)

添加、编辑、管理播放预案。

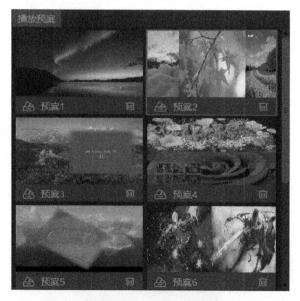

图 10-46　Kommander 预案区

（1）保存预案：画布上编辑好素材后，点击保存预案添加到预案栏，方便再次快速调用此预案。

（2）预案重命名：鼠标右键点击预案名称，可以根据需求自定义更改。

（3）预案更新：指定预案需要更改素材，更改后可以右键点击预案选择更新预案，覆盖更改前的预案。

3. 播控区（图 10-47）

播控区用于编辑大屏使用内容，将下方素材拖拽到播控区，并调整大小位置即可。点击播放后可在播控区实时监视大屏显示内容，并可随时切换素材或预案。

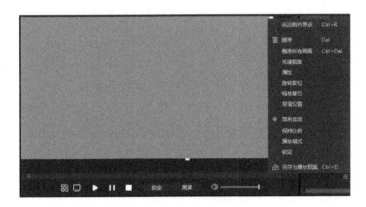

图 10-47　Kommander 播控区

（1）屏幕管理

①编辑显示口及屏幕，软件会自动识别显卡口的大小及数量。

②屏幕较多时，通过列表查找相应屏幕查看屏幕播放状态。

（2）播放状态

①播放：画布上新添加素材或暂停、停止后需点击播放按键继续播放。

②暂停：画布上所有素材均暂停播放。

③停止：画布上所有素材均停止播放。

④声音设置：输出音频素材的音量大小设置。

（3）锁定

画布锁定后，右侧参数设置栏里的参数均无法设置，但可以切换视频和预案，切换后的也是锁定状态。

（4）黑屏

①系统设置里黑屏禁止编辑勾选，选择黑屏，画布与输出均无画面。

②系统设置里黑屏禁止编辑未勾选，选择黑屏，无画面输出但画布有画

面且可以更改(注:新建工程默认勾选)。

③系统设置里黑屏时静音勾选,选择黑屏,画面与音频均无输出。

④系统设置里黑屏时静音未勾选,选择黑屏,画面无输出但音频有输出(注:新建工程默认未勾选)。

(5)画布上素材设置

①返回原布点:当画布被拉扯到其他位置时,通过返回原布点回到左上角显示。

②删除所有画面:画布上所有画面将被全部删除。

③克隆画面:克隆出的画面完全同步,通过拖拽画面窗口也可实现镜像显示效果。

④旋转复位:在画面旋转后,通过旋转复位迅速调整为原角度。

⑤缩放复位:通过缩放复位使素材显示为原本大小。

⑥层级设置:对素材在画布位置进行置顶、置底、上一层、下一层的设置。

⑦禁用音频:选择素材音频输出,软件默认单音频输出,可在系统设置中更改为多音频输出。

⑧保持比例:当素材与屏幕的比例不同时,勾选保持比例会按素材原比例输出。

⑨播放模式:选择素材以怎样的方式进行播放(循环、跳转预案等)。

⑩另存为播放预案:将目前画布资源添加到播放预案。

4. 状态栏(图 10-48)

用于查看并设置对应素材的基本参数。

图 10-48 Kommander 状态栏

（1）层级调整

当前屏幕较多时,且屏幕之间有重叠部分,此时可以设置屏幕在画布位置置顶、置底、上一层、下一层,实现屏幕之间显示层级关系。

（2）播放模式

①循环模式:素材重复循环播放(注:默认为循环播放)。

②定格在最后一帧:素材播放时间结束后,画面定在最后一帧。

③停止播放:素材播放时间结束后,无输出。

④切换到下一个预案:设置的素材播放时间结束后,自动跳转下一个预案播放。

⑤切换到指定预案:设置的素材播放时间结束后,自动跳转到指定预案播放。

（3）文件透明通道

启用后可以将透明素材覆盖在其他素材上,烘托显示氛围,也可实现异形显示(注:新建工程默认开启)。

（4）剪裁

剪裁相当于局部显示,裁出素材的某一部分进行显示。

（5）效果设置

①饱和度、亮度、对比度、透明度:通过调整数值可对色彩、效果进行设置。

②羽化:通过羽化值的调整,对素材的四周有消隐作用,提升显示效果。

③还原设置:将更改的所有效果值还原到默认值。

④旋转:设置素材在画布上旋转以指定角度输出,多用于异形屏。

⑤位置大小:设置画面在画布上的显示位置及大小。

（6）播放进度

可以对指定素材进行快进、快退、暂停、播放设置。

5. 标签区（图 10-49）

将素材分组添加到素材区,方便查看和管理。

图 10-49　Kommander 标签区

6. 素材筛选区（图 10-50）

对素材进行分类筛选，可以直接筛选出同类型所有素材。从左到右的按键分别代表：全部素材、视频、音频、图片、字幕、截屏、Office、网络媒体、网站以及采集设备。

图 10-50　Kommander 素材筛选区

7. 素材资源区（图 10-51）

可以浏览当前分类的所有素材，并可以直接拖拽到播控区进行编辑。

图 10-51　Kommander 素材资源区

10.10.2.4　工程编辑流程

1. 切换电脑显示模式（图 10-52）

点击"Windows＋P"键，出现下图窗口，选择扩展模式。

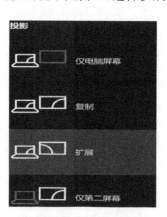

图 10-52　Kommander 切换显示模式

2. 运行软件

双击软件图标，运行 Kommander Z3 播放软件。

3. 新建工程(图 10-53、图 10-54)

点击"新建",创建一个工程文件,输入工程名称并选择存储路径,然后点击"确定"即可完成新建工程文件。

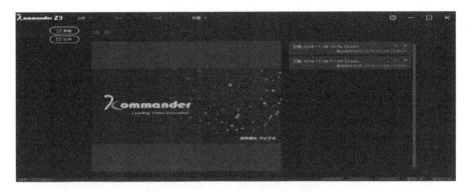

图 10-53　Kommander 新建工程

图 10-54　Kommander 选择存储路径

4. 添加素材(图 10-55)

新建播放方案后进入系统主界面,点击素材资源区内的 ▣ 添加播放素材,根据需要添加的素材类型选择对应的添加选项。

图 10-55　Kommander 添加素材

本系统支持添加多种播放资源,包含本地媒体、字幕、网站、截屏、采集卡、流媒体、Office 文件。

（1）本地媒体：添加电脑上各类格式的视频及图片文件。

（2）字幕：编辑字幕文字，并将其添加在视频或者图片上。

（3）网站：输入网址，可以添加对应的网页。

（4）截屏：添加截屏，显示本地显示器实时画面。

（5）采集卡：添加采集卡设备的信号。

（6）流媒体：添加流媒体视频。

（7）Office 文件：添加 Word、PPT 文件（可以添 Office2010—2016 文件）。

5. 设置屏幕管理（图 10-56）

添加完播放的素材后，点击左侧的 可进入屏幕管理界面。根据 LED 屏幕实际尺寸以及现场需求设置屏幕窗口的数量和参数。

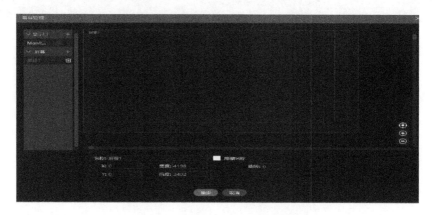

图 10-56　Kommander 屏幕管理界面

设置 3 个屏幕分别为左、中、右，点击"确定"，如图 10-57 所示。

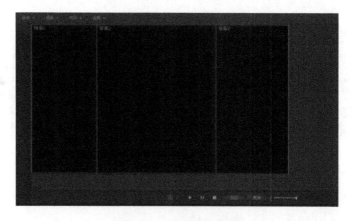

图 10-57　三屏分布界面

6. 播放内容编辑

将素材从素材资源区内分别拖拽到 3 个屏幕内并点击播放即可。播放过程中可随时拖拽新的素材至编辑区内,实现素材内容的实时更换,如图 10-58 所示。

图 10-58　Kommander 内容剪辑界面

7. 播放预案创建

在编辑区内点击鼠标右键,选择"另存为播放预案",即可在播放预案区内生成播放预案文件,播放预案显示为编辑区内某一帧画面截图,如图 10-59 所示。

图 10-59　Kommander 生成播放预案

根据实际需求,编辑需要的播放内容预案并在预案资源区生成,如图 10-60 所示。

图 10-60　预案资源区

播放预案编辑完成后,清空编辑区内的素材,直接双击播放预案区的预案,点击播放,即可将预先保存的预案播放到大屏上,切换播放预案,有淡入、淡出特效。

10.10.2.5　系统故障处理

1. LED 屏幕出现屏幕全黑

（1）请确保包括控制系统在内的所有硬体已全部正确上电（＋5 V,勿接反、接错）。

（2）检查并再三确认用于连接控制器的串口线是否有松动或脱落现象。

（3）检查并确认连接 LED 屏幕及与主控制卡相连的 HUB 分配板是否紧密连接、是否插反。

2. 单元板出现整片屏幕不亮、暗亮的原因

（1）目测电源连接线、单元板之间的 26P 排线及电源模组指示灯是否正常。

（2）用万用表测量单元板有无正常电压,再测量电源模组电压输出是否正常,如不正常,则判断为电源模组坏。

（3）若测得电源模组电压低,调节微调（电源模组靠近指示灯处的微

调)按钮使电压达到标准。

3. 载入不上或通信不上

(1) 确保控制系统硬体已正确上电。

(2) 检查并确认用于连接控制器的串口线为直通线,而非交叉线。

(3) 检查并确认该串口连接线完好无损并且两端没有松动或脱落现象。

(4) 对照 LED 屏幕控制软体和自己选用的控制卡来选择正确的产品型号、正确的传输方式、正确的串口号、正确的串列传输速率,并对照软体内提供的拨码开关图正确地设置控制系统硬体上的位址位元及串列传输速率。

(5) 查看跳线帽是否松动或脱落;如果跳线帽没有松动现象,请确保跳线帽的方向正确。

10.11 在线监测系统

10.11.1 在线监测系统概述

百色那比水力发电厂弧形闸门实时在线监控系统(Real-time Online Monitoring System,ROMS)可实时自动监测、监控弧形闸门的运行数据,并通过信息传输与处理,实现对弧形闸门结构静应力、动应力、振动响应、运行姿态和支铰轴承运行状态的实时在线监测;在决策系统支持下,可实现制定优化调度与监控弧形闸门的安全运行,确保运行安全和充分发挥水资源的合理利用。其组成部分如图 10-61 所示。

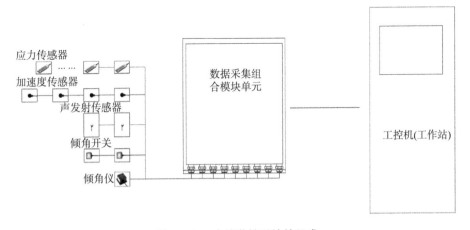

图 10-61 在线监控系统的组成

10.11.2 在线监测主要设备的技术参数

1. 应变传感器

采用防水型应变计,额定电阻 120 Ω,线性膨胀系数不高于 11,自补偿温度范围 10~90℃,基地尺寸 21 mm×5 mm,敏感栅长度 5 mm,安装和操作温度范围 -20~100℃,可承受最大水压 1 MPa,敏感系数 2.2,屏蔽线 30 m 以上;应力应变采集 18 位以上 A/D 采样分辨率,8 kHz 以上总采样频率。

2. 加速度传感器

采用防水型加速度传感器,安全过载不低于 1 000%,频响范围(23℃)DC-150 Hz,灵敏度偏差不大于 ±5%,横向灵敏度系数不大于 ±4%,耐水压不低于 490 kPa,不锈钢外壳的耐腐蚀型材料盒体,传感器额定容量 ±5G,非线性不低于 ±1%RO,允许使用温度范围 -15~65℃;流激振动采集 24 位以上 A/D 采样分辨率,125 kHz 以上同步采样频率,硬件抗混滤波。

3. 倾角传感器

采用全温补高精度电流输出型双轴倾角仪,测量范围 ±10°,测量轴 X-Y 双轴,零点输出 12 mA,绝对精度 0.003°,分辨率 0.001°,年长期稳定性 0.01°,零点温度系数(40~85°)±0.000 8°/℃,灵敏度温度系数(40~85°)≤50 ppm/℃,上电启动时间 0.5 s,响应时间 0.02 s,响应频率 1~20 Hz,绝缘电阻≥100 MΩ,抗振动 10 grms、10~1 000 Hz,防水等级 IP67 以上;运行姿态采集 24 位以上 A/D 采样分辨率,125 kHz 以上同步采样频率,硬件抗混滤波。

4. 倾角开关

采用高精度双轴倾角开关,输入特性:输入为干触点信号(即常闭的机械触点信号);输出特性:常开触点对应逻辑电平为高,常闭触点对应逻辑电平为低;响应频率:DC 为 0.5 kHz,AC 为 25 Hz。

5. 声发射传感器

采用声振测点 AVS 系列高灵敏复合传感器(拾取声发射信号和振动信号);16 位 AD 精度;1 Mbps 同步采集采样率;0~800 kHz 灵敏度;ARM 接收、存储、分析数据;独立采集通道,同步并行工作,保证相位一致性。

10.11.3 运行方式

百色那比水力发电厂弧形闸门实时在线监测系统,将传感器集成至所需监测的设备中,利用传感器进行数据采集,通过线缆将大量数据汇集至数据库,并进行数据分析和计算整合,同时对照规范,及时发现应力、振动等各项指标是否符合要求,其评价标准如下。

1. 公式分析法

依据《水工金属结构实时在线监测评价准则》(Q/MA61UHLTX.002—2017)企业标准采纳的公式: $\lg A < 3.14 - 1.16\lg f$,判断闸门结构的动态特性和安全性。其中,A 为振动幅值,f 为振动频率。根据度汛过程中的监测数据,得到 $A - f$ 曲线图,判断闸门振动响应的振幅、频率是否满足公式要求。当不满足公式关系时,表明闸门的振动特性状态不良,应当及时预警、报警。

2. 激励测频法

通过智能型激振装置的激励扫频测试,得到闸门的固有特性(谐振频率),并确定了闸门实际启闭工况条件下的振动频率预警、报警阈值。闸门启闭过程中,在实际水位条件下产生的流激振动实测频率,通过计算分析得到闸门时域数据,采取比对方法判断闸门运行的安全裕度和闸门运行的稳定性。

3. 振动位移法

依据《水工金属结构实时在线监测评价准则》(Q/MA61UHLTX.002—2017)企业标准采纳的是美国阿肯色河通航枢纽管理局《振动构件平均位移划分振动危害的判别标准》,采取"中等危害""严重危害"的指标作为 ROMS 系统的预警、报警阈值。

振动构件平均位移划分振动危害的判别标准如表 10-15 所示。

表 10-15　震动危害判别标准

平均位移(mm)	振动危害程度
0~0.05	忽略不计(可正常运行)
0.05~0.25	微小危害
0.25~0.5	中等危害
>0.5	严重危害

在闸门启闭过程中,对实测的流激振动数据分析计算后,得到振动位移的振幅时域曲线,通过对振幅时域数据的智能化判断,显示预警、报警的频次和时段。

10.11.4　操作及故障处理

支铰轴承失效说明如下。

支铰轴承失效方式多为轴承润滑不良、轴承密封失效、水及泥沙进入或轴承滑动表面形成锈蚀，导致轴承润滑失效。支铰轴承在与副接触面滑动过程中，母材金属之间的接触、母材缺陷扩展是产生声发射信号的主要信号源。弧门支铰轴承运行状态时低速重载，声发射技术作为一种新型的动态监测方法，其监测到的信号来源于摩擦副本身的接触情况，如摩擦副间微凸体的弹塑性变形与断裂、表层及次表层裂纹的扩展、材料的分层与转移、腐蚀磨损等。可在设备运行期间对其进行在线摩擦故障诊断，从而实现故障预报、预警。监测手段灵活、方便，无须对被检设备进行分拆。声发射信号能很好地反映轴承的工作状态，灵敏度高、抗干扰能力强，易于实现支铰轴承的状态监测和早期故障判断。利用摩擦信号监测的声发射仪器具有灵敏度高、操作方便等优点，采用拾取摩擦声发射信号的特种声发射传感器，通过对支铰轴承的摩擦信号进行识别，判断支铰轴承间的摩擦和磨损程度。

10.12　大坝清污机系统

10.12.1　概述

百色那比水力发电厂工程在发电机进水口设置一扇直立活动式拦污栅，防止浪渣进入蜗壳，损坏机组导水机构。清污机主要用于电厂进水口拦污栅附近的水草、漂浮物、树干、塑料等水面杂物的捞渣工作。

大坝清污机系统主要由起重设备、液压站、配电箱等组成。清污机的主要部件如图 10-62 所示。

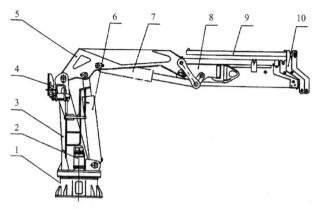

1—基座；2—液压回转装置；3—转台；4—座椅上操纵总成；5—内臂；6—第一变幅油缸；
7—第二变幅油缸；8—基本臂；9—伸缩缸；10—伸缩臂（三节）

图 10-62　清污机主要结构图

10.12.2　大坝清污机主要设备的技术参数(表 10-16)

表 10-16　折叠式液压起重机参数表

型号	HY12Z4Z 折叠式液压起重机		
生产厂家	徐州昊意工程机械科技有限公司		
最大起升质量	12 000 kg	液压系统最大流量	55 L/min
最大起重力矩	27.0 Ton. M	液压系统额度压力	30 MPa
最大工作半径	10.2 m(水平)	回转角度	360°(全回转)

10.12.3　运行方式及操作

根据清污设备及工程实际情况,一般情况下清污机操作控制模式为手动无线遥控操作,如发生无线遥控器失灵、空压机损坏、气管爆裂等特殊情况,作业人员方可在清污机上使用握持操纵杆操作。操纵杆使用过程中,操作者必须佩戴安全帽及安全带,在荷载提升或液压起吊机运转时,不允许离开操作位。无线遥控器使用过程中,一变、二变、旋转、抓具开合等各方面操作在按下操作键后 5 s 内进行操作,超过 5 s 遥控器将视为无效操作,无法达到预期效果。

10.12.3.1　清污机展开的特征尺寸

即随车起重机在吊臂水平位置完全缩回的最小最大尺寸,如图 10-63 所示。

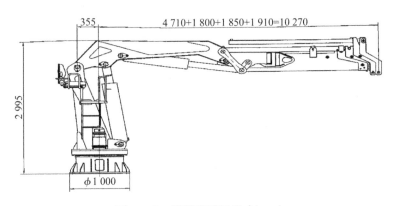

图 10-63　清污机展开尺寸(mm)

10.12.3.2 大坝清污机启动步骤

（1）确认空压机气罐、气管无破损。

（2）确认捞渣机无漏油,油箱油位正常。

（3）合上溢流坝动力配电柜内"捞渣机电源空开"QF5。

（4）合上捞渣机配电箱内"液压油泵电机电源空开"QF1。

（5）确认油泵电机散热风扇运行正常。

（6）打开空压机气管阀门。

（7）插入空压机电源插头。

（8）在捞渣机配电箱上按下"启动"按钮。

（9）在捞渣机无线遥控器上按下"电源"按钮。

（10）将清污机旋转至坝面空旷位置展开。

10.12.3.3 大坝清污机停机操作

（1）确认工作已结束。

（2）将捞渣机抓斗闭合。

（3）将捞渣机一段臂、二段臂收起。

（4）将捞渣机旋转至坝面空旷位置,调整至收起状态。

（5）在捞渣机配电箱上按下"停止"按钮。

（6）关闭空压机气管阀门。

（7）拔出空压机电源插头。

（8）断开捞渣机配电箱内"液压油泵电机电源空开"QF1。

（9）关闭捞渣机室门。

（10）断开溢流坝动力配电柜内"捞渣机电源空开"QF5。

10.12.3.4 操作安全注意事项

（1）使用清污机进行清污时,作业人员必须有两人及以上:一人指挥、一人操作,有条件的情况下其他人员进行监护;清污机运行时,任何人发出停止信号均应停止运行。

（2）工作中应保持良好的精神状态。清污前,应检查动力管路、空压机气管、清污机机体的关键部位、油泵、按钮装置等各部位情况。

（3）操作人员经过操作培训后才可以使用和操作清污机;未经指挥者允许其他人员不能进入清污机操作和工作范围;清污机工作过程中有车辆及人员需要经过必须由指挥人员发出停止信号,确认安全后方可通行。

（4）指挥人员及操作人员应粗略地知道起重荷载的重量,吊具与重物重量之和不得超过清污机的额定起重量 1.2 t,每次抓起的浪渣最大净量控制在

1 t 以内;抓取单个浪渣净重超过 1 t 时,严禁用抓斗抓出水面上,应采用其他方法把浪渣提上来。

(5) 清污工作开始前,各机构需进行短时间空运转,查看是否正常;抓斗工作时,应时刻注意抓斗状态,禁止抓斗全部没入水面以下,抓取过程中必须保证对浪渣的最大可见度,同时为避免浪渣掉出,应将抓斗闭合紧密,避免摇晃。

(6) 在清污过程中,通过对抓取速度的控制,尽量避免机器大幅度震动。控制方法如下:清污机启动和停止的几个关键节点是,应逐步推动或松开遥控器按钮使清污机能够缓慢启动或停止,突然启动和停止将引起机器大幅度震动,从而影响机器使用寿命;当清污机出现大幅度震动时,严禁继续操作,应待停止摆动后再进行下一步操作。

(7) 在清污过程中,当单边抓到一个较重的浪渣时,严禁将浪渣提到水面以上。应将抓斗松开,将抓斗移到浪渣中间,再抓取浪渣,以免抓斗两侧受力不均造成机器损坏。

(8) 在清污过程中,抓斗不得从人头顶越过。应注意抓斗上、下行程,不能过高或过低,放置抓取的浪渣时,应将浪渣移动到放置区域正上方,抓斗与放置区域垂直距离不宜过高。

(9) 清污机停止时,抓斗应完全闭合并悬空,抓斗与吊臂所成直线应尽量垂直于地面。

(10) 维护与保养过程中必须和制造商联系才能拆卸清污机,同时禁止拆卸阀锁。

10.12.3.5　清污机禁用

清污机凡有下列情况之一者,禁止使用:

(1) 动力管路出现漏油或者扭曲等现象。

(2) 油箱中的油液水平面高于最高标记或低于最低标记。

(3) 有闪电、雷雨及风力达六级及以上等恶劣天气。

(4) 油泵温升超过 60℃。

(5) 基础平台螺栓出现松动或混凝土产生大面积裂缝。

(6) 主梁弹性变形或永久变形超过修理界限。

(7) 主要受力件有裂纹、开焊现象。

(8) 改装、大修后未经验收合格。

若发生空压机气罐、气管出现破损漏气等现象,如无较为紧急的情况,尽量避免在清污机上使用握持操纵杆。

10.12.4 常见故障处理(表10-17)

表10-17 常见故障处理表

故　障	原　因	排除方法
伸缩油缸震动,伸缩臂爬行	①液压系统内有空气; ②伸缩油缸内密封件老化; ③平衡阀内有污物	①空载状态下反复动作,所有执行元件到两个极限点位置排除系统内空气; ②更换油缸密封件; ③清洗平衡阀
空载时,工作速度太慢	①吸油管被挤扁; ②有空气从吸油管吸入	①换吸油管; ②拧紧吸油管接头
伸缩臂不能按顺序伸缩	①缺少润滑油; ②滑块坏了; ③伸缩臂顺序阀调整有问题	①加润滑油; ②更换滑块; ③调整伸缩臂阀(制造商解决)
清污机不能完成额定起重量	①液压泵功率不足; ②溢流阀设置错误; ③液压泵密封损坏	①更换液压泵; ②重新调整溢流阀压力(制造商解决); ③更换液压泵密封
起重后吊臂自动下落	①变幅油缸活塞密封件损坏; ②平衡阀节流口污物堵塞或复位弹簧疲劳、破坏	①更换油缸密封件; ②清洗平衡阀并排除污物更换弹簧
清污机不能正确转动	①回转缓冲阀内有异物; ②回转油缸密封磨损; ③齿轮柱内的无油支撑套磨损	①清洗或更换回转缓冲阀; ②更换密封圈; ③更换无油支撑套
关节点或回转发响	缺少润滑	按规定周期注入润滑油
油缸渗漏油,外渗漏、内渗漏	①端盖密封件老化残损; ②活塞密封圈磨损	更换密封件
噪音大、压力波动大、液压阀发响	①吸油管或吸油滤网堵塞; ②油的黏度太高; ③吸油口密封不良,有空气吸入; ④泵内零件磨损; ⑤系统压力偏高	①清除堵塞污物; ②按规定更换液压油或用加热器预热; ③更换密封件,拧紧螺钉; ④更换或维修内部零件; ⑤重新调整系统压力

10.13　大坝液压启闭机系统

10.13.1　概述

百色那比水力发电厂工程共设置3孔溢洪道弧形工作闸门,每孔闸门设一台 QHLY 2×1 250 kN-6.5 弧门液压启闭机,安装在溢流坝段每个表孔的闸墩两侧,用于操作溢流坝表孔弧形工作闸门;每扇工作闸门由 2 只液压缸同步操作启闭,可在动水中全行程启闭及局部开启闸门。3 台液压启闭机型号、参数相同,每套设有一套油缸、一套液压泵站和一套电控柜控制。油缸装设于溢洪道工作闸门两侧的闸墩上,液压泵站和电控柜控制装设在闸墩顶部 244.10 m 高程的启闭机房内(图 10-64、图 10-65)。

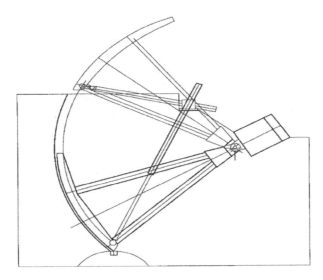

图 10-64　弧门液压启闭机

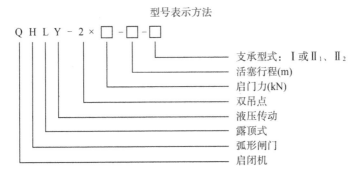

图 10-65　启闭机型号表示方法图

10.13.2　大坝液压启闭机系统的组成

那比水电站工程大坝液压启闭机系统由液压泵站(动力部分)、电气控制柜(控制部分)和液压油缸(执行部分)3部分组成。

1. 液压泵站(图10-66)

图10-66 液压泵站

液压泵站布置在闸端顶部的启闭机房内。每套泵站包括:两套油泵电机组(互为备用);一套油箱、管路及附件;一套泵源控制阀组;两套油缸动作及锁定控制阀组。

(1)油泵电机

选用西门子电机,电机功率为55 kW。该电机与油泵组成联动油泵电机组,将电能转换成压力能给液压设备提供动力。

(2)液压油箱及附件(图10-67)

油箱:本体采用矩形结构,箱底做成向排油孔倾斜的斜坡,油泵的吸入口与系统的回油口分置在油箱的两边,并在中间设置隔板和滤网。设置标准入孔盖、排污阀;油箱顶部设带除尘除湿功能的空气滤清器、液位继电器、回油过滤器、带过滤网的注油口;在油箱侧面设置油位液温指示器等附件。

滤器:回油滤油器对工作过程中产生的被污染液压油油液回到油箱前进行过滤;空气过滤器对进入油箱的潮湿的空气及污染物颗粒进行过滤,保证油箱油液清洁。

液位控制继电器可以对输出的液位开关量进行调节,当设定的液位到位时,开关即动作,以控制外部的器件。

图 10-67　液压油箱及附件

（3）液压系统元件（图 10-68）

液压系统控制元器件广泛采用了性能先进、质量可靠、维护管理方便的元件。电液换向阀、电磁溢流阀、液控单向阀、插装阀等主要液压元件均采用 Eaton 公司元件；压力继电器、高低压手动球阀等附件也采用国外专业液压辅件制造厂家的产品，所有控制阀均安装在经过特殊处理的集成块上。油缸和遥控的连接油口均布置在控制块上，所有的控制块设计布置性能可靠的测压接头，便于调试时排气与监测。

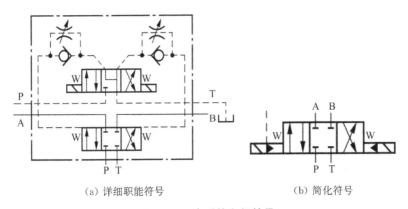

（a）详细职能符号　　　　　　　（b）简化符号

图 10-68　电磁换向阀符号

2. 电气控制柜

电控系统具有较高的可靠性、稳定性和先进的自动化水平，能较好地完成液压启闭机设备的控制、监测和通信，保证电控系统安全、可靠、高效地运行。其主要由断路器、接触器、软启动器、PLC、触摸屏、中间继电器、空气开关、按钮、指示灯、温湿度控制器、电流电压表等组成，可以实现过流、短路、过载等保护功能。

（1）PLC

百色那比水力发电厂采用西门子公司的 S7－200 系列产品。可编程逻辑控制器采用一类可编程的存储器，用于其内部存储程序，执行逻辑运算、顺序控制、定时、计数与算术操作等面向用户的指令，接收设备的各种信号并进行程序控制对来自油缸位移传感器反馈到 PLC 的位移差的微弱信号进行放大，以驱动比。

（2）触摸屏

液晶显示器与 PLC 采用通信连接，选用 GP 公司生产的 GP2301SC 系列液晶触摸显示器。主要功能及特点如下：

①通过画面编辑软件，可非常方便地编辑出图形、棒图、数字、中文文字以及指示灯、按钮等。通过触摸屏对参数进行设置和修改，也可定义为对设备进行启、停操作的控制键。

②提供密码保护功能。对重要参数的修改可设定密码权限。

③背光 LCD 彩色液晶显示。即使在逆光的情况下也能看清显示。

④5.7″液晶显示画面。页面直观清晰，存储容量大。

⑤可设定实时时钟。可显示故障及事件发生的实时时间。

（3）电动机断路器

每台电动机主回路设置一台自动空气开关，作为电动机主回路短路保护。

（4）控制电源模块

为现地检测元件、传感器、变送器提供 DC24 V 工作电源。

（5）UPS 电源装置

当系统电压输入正常时，UPS 不间断电源将系统电压稳压后提供负载使用，此时的 UPS 电源就相当于一台交流稳压器，同时它还向机内电池进行充电；当系统电压中断时，UPS 就会立即将机内电池的电能，通过逆变转换的方法向负载继续供应 220 V 交流电，使负载维持正常工作并保护负载软、硬件不受损坏。

（6）软启动

软启动是指电机的电压由零慢慢提升到额定电压，这样电机在启动过程中的启动电流，就由过去过载冲击电流不可控制变为可控制，并且可根据需要调节启动电流的大小。电机启动的全过程都不存在冲击转矩，而是平滑的启动运行。

3. 液压油缸

液压缸总成由油缸、支铰埋件、吊轴、行程开度检测装置等部分组成。液压缸的上端通过吊轴与预埋在闸墙上的支铰座相连，支承采用球面滑动轴承（带自润滑密封功能）；下端活塞杆吊头通过吊轴与闸门吊耳相连，其支承亦采用球面滑动轴承，油缸沿水流方向摆动，以满足启闭闸门时液压缸的动作要求。为适应液压启闭机及闸门的制造和安装误差，液压缸有杆腔和无杆腔留有一定的富余行程。

（1）液压缸的密封

所有动、静密封件、防尘圈均采用德国 MERKEL 公司生产的优质产品。静密封主要采用"O"形密封圈，其材料为丁腈橡胶 NBR，工作介质温度为 $-20\sim100℃$，工作压力为 40 MPa。动密封主要采用"V"形组合密封圈，其材料为夹布橡胶，工作介质温度为 $-15\sim140℃$，工作压力为 40 MPa。防尘圈采用 P6 型单作用防尘圈，材料为丁腈橡胶 NBR，工作介质温度为 $-30\sim100℃$。

（2）液压缸的排气

在液压缸的杆腔和无杆腔的安装最高点均设有专用排气测压接头，用于液压缸安装和使用过程中的排气，必要时可用于液压缸的杆腔和无杆腔的压力测量。

（3）关节轴承

为满足启闭闸门时液压缸的摇摆动作要求及考虑到土建和闸门吊耳制造、安装可能存在的误差，在液压缸上、下支铰均装有球面自润滑关节轴承。

（4）行程检测装置

百色那比水力发电厂选用武汉华之洋光电系统有限责任公司的外置式 FDK-Ⅳ系列开度检测装置。FDK-Ⅳ型闸门开度仪的检测原理是将较大量程的线位移转化为角位移进行测量，它由不锈钢丝绳、自动排绳机构、恒张力测量装置、绝对型光电编码器、精密齿轮丝杆传动机构、行程开关、单向止动装置、断绳保护装置及接线端子排等几个部分组成（图 10-69）。

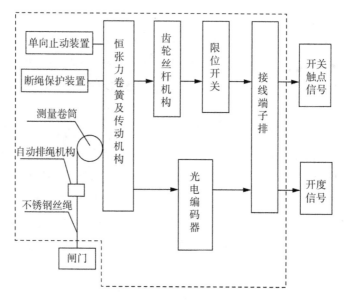

图 10-69　FDK-Ⅳ型闸门开度仪工作原理框图

10.13.3　大坝液压启闭机主要设备的技术参数

1. 液压站设备技术参数及技术要求(表 10-18)

表 10-18　启闭机工作闸门参数表

型式	泄洪弧形工作闸门
启门力	2×1 250 kN
闭门力	闸门自重
数量	3 扇
启门速度	约 0.8 m/min(可调)
闭门速度	约 0.8 m/min(可调)
工作行程	6.5 m
最大行程	7.5 m
液压缸内径	ϕ360 mm
活塞杆外径	ϕ200 mm
有杆腔计算压力	17.76 MPa
油泵电机组	1LGO223-4AA　55 kW

启门进油流量	2×56.32 L/min(单扇闸门)
启门回油流量	2×81.6 L/min(单扇闸门)
管径(有杆腔/无杆腔)	25/32 mm
油箱容积	2 000 L
系统总用油量	2 500 L
油规格	L-HM46 抗磨液压油

2. 液压缸的主要技术参数(表 10-19)

表 10-19　液压缸参数表

安装型式	中部铰支双作用
最大启门力	1 250 kN
最大闭门力	闭门自重
工作行程	6.5 m
最大行程	7.5 m
液压缸内径	ϕ360 mm
活塞杆直径	ϕ200 mm
缸体壁厚	30 mm
有杆腔计算油压	17.76 MPa
无杆腔计算油压	1 MPa

10.13.4　操作及故障处理

10.13.4.1　操作流程

1. 操作前注意事项

液压启闭机操作前,做好如下准备工作。

(1) 检查闸门锁定梁/锁定装置是否脱开。

(2) 将闸门止水带浇水润滑(干渠无水状态时需要)。

(3) 确认闸门周围无异物阻滞。

(4) 确认电气、机械设备无异常。

(5) 确认液压系统和电气系统连接完好,机、电、液接口关系正确。

(6) 确认供电电源采用三相四线制 AC380 V±15%、250 A 的供电电源正常。

（7）确认控制柜内各断路器处于液压启闭机工作前的状态。

（8）确认液压站油位、温度等各个数据显示正常。闸门控制柜各报警指示灯不亮。控制柜内 PLC 工作正常，无报警。

（9）操作过程中，设专人进行监护。

（10）确认设备管路、胶管、接头等部位无泄漏。

（11）确认液压设备的进油阀、回油阀、各压力阀手柄处于正确的开启位置。

（12）闸门启闭前必须严格听从调度指令，按规定程序，由专职人员进行操作。

2. 现地操作步骤（图 10-70）

图 10-70　现地操作流程图

3. 操作原则

（1）开启闸门：空载启动液压泵电动机组，延时 5 s 左右，电磁阀 YV1、YV2 通电，压力油分两路经调速阀粗调同步后进入左右液压缸有杆腔，液压缸无杆腔油液经单向阀流回油箱。

（2）关闭闸门：空载启动液压泵电动机组，延时 5 s 左右，电磁阀 YV1、YV3 通电，压力油打开液控单向阀，液压缸有杆腔油液经调速阀粗调同步后进入液压缸无杆腔。同时压力油经溢流阀向液压缸无杆腔补油。

（3）闸门同步控制：在闸门启闭过程中，闸门开度及行程控制装置全程连续检测 2 只液压缸的行程偏差，当偏差值大于设定值时，电磁阀 YV4 或 YV5 通电，自动调整相应液压缸有杆腔进、出油量，使闸门同步。当 2 只液压缸的行程偏差值≥25 mm 时，液压系统自动停机并发出报警信号。

（4）自动复位：闸门提升至指定开度或全开位后，若因泄漏闸门下滑 150 mm，控制系统自动启动工作泵组，提升闸门至下滑前位置；如闸门继续下滑达 200 mm，工作泵组尚未投入运行，控制系统则启动备用泵组，提升闸门至下滑前位置，并发出声光报警信号。

其液压原理见图 10-71。

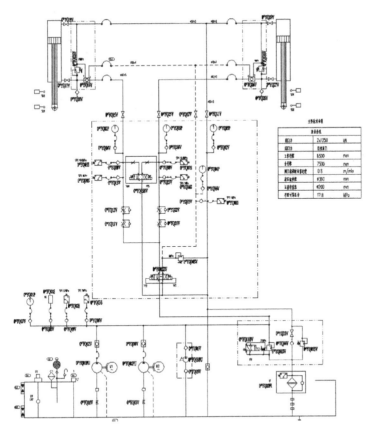

图 10-71　液压原理图

10.13.4.2　常见故障及处理办法(表 10-20)

表 10-20　常见故障处理方法表

现象	原因分析	处理办法
油泵不出油	电机转向错误	修改电机接线
	油箱内液面过低	往油箱内加入适量的抗磨液压油
	油泵卡死或损坏	修理或更换油泵
油泵电机在运行过程中噪声大、震动大	泵内有空气或吸油管漏气	排尽泵内空气或更换泵吸油管的密封圈、螺钉、螺母
	油泵内部损伤	修理或更换油泵
油泵的输出压力、流量不够	油泵有故障或磨损	修理或更换油泵
	溢流阀工作不良或损坏	修复或更换溢流阀
	各零件、部件渗漏太大	修复或更换各零部件
系统压力不稳定	油泵有故障或磨损	修理或更换油泵
	溢流阀工作不稳定	修复或更换溢流阀
系统有外部渗漏	密封件过期或损坏	更换密封件
	密封件接触处松动	进行紧固处理
	元件安装螺钉松紧力度不均	调整元件安装螺钉松紧度
换向阀不换向	电磁阀未通电	接通控制电源
	电磁阀损坏	更换电磁铁或电磁、电液换向阀
	阀中有污垢,阀芯卡死	清洗阀体、阀芯
	阀损坏	更换换向阀

10.14　MIS 生产管理系统

10.14.1　概述

　　百色那比水力发电厂生产管理系统旨在加强对生产调度、过程监控、设备启停、运行方式和运行指标等的管理。MIS 生产管理信息系统是以生产运行管理为核心的应用系统,系统主要对电厂生产过程及运行人员的活动进行管理。系统建设采用先进的运行管理策略及现代化管理手段合理安排运行资源与活动,加强对生产管理、过程记录、办票方式和运行指标等的管理,起到有效管理各种信息资源,提高生产效率,从而提高运行安全水平,降低生产成本,获取最大经济效益的效果。

10.14.2 MIS 生产管理系统的组成

MIS 生产管理系统采用了 SOA 架构,由 3 个独立的层组成,分别是表示层、中间层、数据层(B/S/S)。其中,客户端不能直接访问数据服务器,所有对数据服务器的访问都必须通过中间层服务完成,提高了系统数据的安全性。三层体系结构可大幅度降低系统的维护成本,基本上实现了客户端免维护。三层结构示意图如图 10-72 所示。

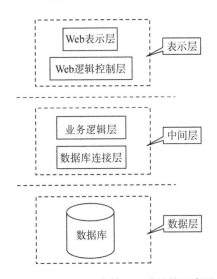

图 10-72　MIS 生产管理系统结构示意图

1. 表示层

表示层的任务是从客户端的浏览器向网络中的 Web 服务器提出服务请求,Web 服务器对用户身份进行验证后使用 HTTP 协议把所需的数据和信息传送给客户端,客户端接收传来的数据和信息,并通过 Web 浏览器显示出来。

2. 中间层

中间层承担业务逻辑和数据库访问的代理工作。中间层在接收到客户端的请求之后,首先需要执行相应的扩展应用程序与数据库进行连接,通过 SQL 语句等方式向数据库服务器提出数据处理申请,然后将数据库服务器的处理结果提交给客户端。

3. 数据层

数据层的任务是接收 Web 服务器对数据库操作的请求,实现对数据库查询、修改、更新等操作,并把运行结果提交给 Web 服务器。

10.14.3 MIS生产管理机架式服务器的技术参数(表10-21)

表 10-21 MIS生产管理机架式服务器的技术参数

设备 名称	生产 厂家	规格 型号	单位	数量
机架式 服务器	Lenovo 联想	X3650M5 2 * E5 - 2603V3; 1.6 GHz,6C 85 W 15 M; 2×8GB DDR4,8×2.5″盘位; 2×300G 10K SAS; M5210 Raid 0 和 2 * 550W 白金; DVD - RWIBM 2×1TB 7.2 12Gbps SATA; 2.5″ G3HS HDD	台	1

10.14.4 操作及故障处理

10.14.4.1 MIS系统登录问题

MIS系统登录问题解决如下(一次性电脑设置)。

1. IE浏览器设置

客户端免安装,但需要对系统桌面上的IE软件的安全级别进行设置。安全生产管理系统IE安全级别设置说明:如果工作票管理系统网页不能正常显示,首先请查看IE浏览器的版本号,如果低于5.0,请升级到6.0及以上版本。

如果不能打开票面,请打开浏览器中的"工具(T)"→"Internet 选项(O)",如图10-73所示。

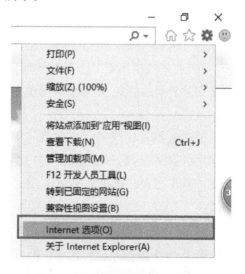

图 10-73 IE浏览器 Internet 选项

（1）打开"Internet 选项"，选择"安全"。在"Internet 选项"对话框中，选"可信站点"，然后点击"站点"，如图 10-74 所示。

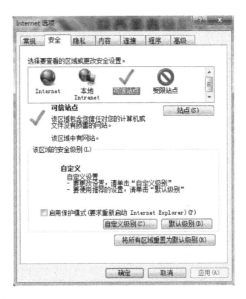

图 10-74 Internet 选项安全界面

（2）添加 http://192.168.1.22 地址，将图中单选方框中的对勾去掉，然后点击"添加"按钮，如图 10-75 所示。添加后，点击"确定"按钮即可关闭该对话框。

图 10-75 添加受信任的站点

（3）打开自定义级别，则弹出如图 10-76 所示内容，将所有与 ActiveX 控件有关系的选项全选为"启用"，共 7 项。

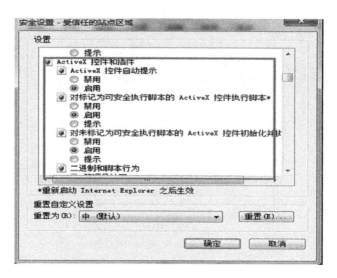

图 10-76　ActiveX 控件相关选项

①ActiveX 控件自动提示，设置为"启用"。

②对标记为可安全执行脚本的 ActiveX 控件执行脚本，设置为"启用"。

③对未标记为可安全执行脚本的 ActiveX 控件初始化并执行脚本，设置为"启用"。

④下载未签名的 ActiveX 控件，设置为"启用"。

⑤下载已签名的 ActiveX 控件，设置为"启用"。

⑥允许运行以前未使用的 ActiveX 控件而不提示，设置为"启用"。

⑦运行 ActiveX 控件和插件，设置为"启用"。

全部启用后，在下面找到"弹出窗口阻止"，选择"禁用"，点击"确定"即可。

（4）应用确定"Internet 选项"对话框。

2. 添加兼容性视图设置

10.154.70.91（如 IE 浏览器版本较低无此菜单则不需设置，以 Win10 为例）。

打开 IE 浏览器→工具→兼容性视图设置→添加网址：10.154.70.91：

（1）打开 IE 浏览器右上角的"工具（T）"→"兼容性视图设置（B）"，如图 10-77 所示。

图 10-77 兼容性视图设置选项

（2）进入设置后添加 10.154.70.91→关闭，退出，完成兼容性视图设置（图 10-78）。

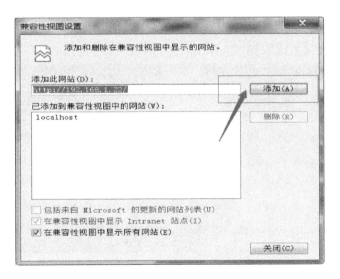

图 10-78 添加兼容性视图设置

3. 允许"弹出对话框"设置（图 10-79）

系统中有许多二级或三级界面是以弹出对话框方式出现的，如在 IE 浏览器中不要阻止其弹出。

将"启用弹出窗口阻止程序"前方框中的对勾去掉（该设置在本计算机操

作系统中仅设置一次即可,重新启动浏览器,即可正常登录)。

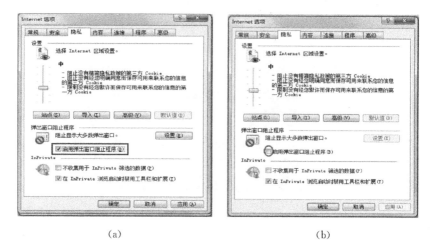

（a） （b）

图 10-79 弹出对话框设置

4. 系统登录

在地址栏中输入 http://192.168.1.22,即显示界面如图 10-80 所示。

图 10-80 系统登录界面

（1）双击用户名处,弹出组织机构对话框,点击"组织机构及部门"前方的
⊞ 即可展开,显示部门中的人员,如图 10-81 所示。

（2）在用户名处,输入名字。

图 10-81　部门及用户选择

（3）选中/输入人员姓名后，在密码输入框中，输入默认密码888888（初始密码），点击登录。

5. 登录后按钮操作

按钮含义如下：

（1）🏠：单击后显示首页页面。

（2）👥：单击后弹出重新登录框，可输入用户账号及密码，不用关闭当前页。

（3）🔒：单击后可修改用户密码。

（4）⚙：单击后弹出设置 tab 页窗口打开的方式及最大打开数量设置。

（5）↪：单击后弹出注销当前登录用户的提示。

注意：360 浏览器登录系统必须用兼容模式！请先设置兼容模式（设置完成后自动刷新）。

10.14.4.2　两票功能注意事项

关于两票 IE 浏览器（同 360 浏览器）设置的两点注意：

（1）查看、开票必须用管理员模式运行 IE。

（2）IE 浏览器须用 32 位 IE 浏览器方能不影响开票。

另外，在以上设置都完成的情况下，进入系统仍然报错，有以下两种办法参考：

（1）鼠标右击浏览器快捷方式，点击"属性"选项卡，进行如图 10-82 所示的设置；设置完成后右键选项卡刷新即可。

图 10-82　浏览器属性设置

（2）卸载 360 浏览器，重新下载安装。

第 11 章 ●

直流系统

11.1 概述

直流系统为电气设备的控制、信号、合闸回路、断电保护、自动装置及事故照明等提供可靠的不间断直流电源。直流电源系统的可靠,是保证电厂设备安全运行的决定性条件之一。直流系统为全厂的直流操作、测量设备、保护装置、断路器及隔离开关、接地开关、监控系统、励磁系统、调速器系统、继电保护系统提供电源。

11.2 直流系统的组成、原理及作用

1. 直流系统的组成

百色那比水力发电厂直流系统主要由交流配电、充电模块、微机监控、母线调压、合闸回路、控制回路、绝缘监测、蓄电池组等几大部分组成,如图 11-1 所示。

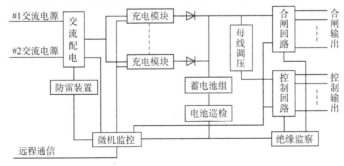

图 11-1 直流系统结构图

2. UPS 电源分类

UPS 是英文 Uninterruptible Power Supply 的缩写,意为"不间断供电电源",是一种含有储能装置(常见的是蓄电池),以逆变器为主要组成部分的恒压恒频的不间断电源,它可以解决现有电力的断电、低电压、高电压、突波、杂讯等现象,使计算机系统运行更加安全可靠。UPS 按其工作方式一般可分为后备式、在线互动式、在线式三大类。

（1）后备式 UPS

在市电正常时,直接由市电向负载供电;当市电超出其工作范围或停电时,通过转换开关转为电池逆变供电。其特点是:结构简单、体积小、成本低,但输入电压范围窄,输出电压稳定精度差,有切换时间,且输出波形一般为方波。原理如图 11-2 所示。

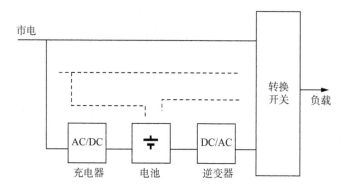

图 11-2　后备式 USP 原理图

（2）在线互动式 UPS

在市电正常时,直接由市电向负载供电;当市电偏低或偏高时,通过 UPS 内部稳压线路稳压后输出;当市电异常或停电时,通过转换开关转为电池逆变供电。其特点是:有较宽的输入电压范围、噪声低、体积小等,但同样存在切换时间,然而和一般后备 UPS 相比,这种机型保护功能较强,逆变器输出电压波形较好,一般为正弦波。原理如图 11-3 所示。

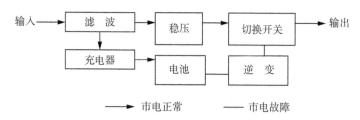

图 11-3　在线互动式 UPS 原理图

（3）在线式 UPS

在市电正常时,由市电进行整流提供直流电压给逆变器工作,由逆变器向负载提供交流电;在市电异常时,逆变器由电池提供能量,逆变器始终处于工作状态,保证无间断输出。其特点是:有极宽的输入电压范围,无切换时间,且输出电压稳定精度高,特别适合对电源要求较高的场合,但是成本较高。目前,功率大于 3 kVA 的 UPS 几乎都是在线式 UPS。原理如图 11-4 所示。

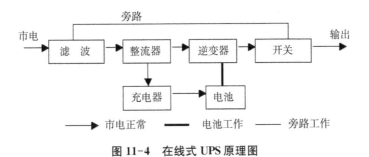

图 11-4　在线式 UPS 原理图

3. UPS 内部结构

UPS 电源内部基本结构如图 11-5 所示。

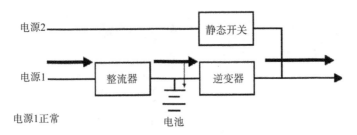

图 11-5　UPS 电源内部结构图

4. UPS 电源接线

USP 电源三相输入输出接线如图 11-6 所示。

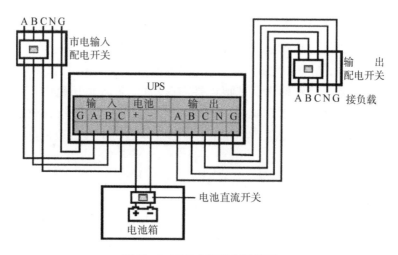

图 11-6　UPS 电源三相接线图

5. UPS 的工作方式

（1）正常运行方式

交流电源经滤波回路后，分为两个回路同时动作。一个是经由充电回路对电池组充电；另一个则是经过整流回路，作为逆变器的输入，再经过逆变器的转换提供电力给负载使用。该运行方式如图 11-7 所示。

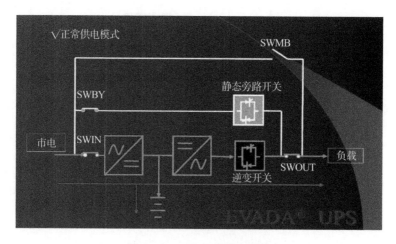

图 11-7　UPS 正常供电模式

（2）电池工作方式

交流电发生异常时，将储存于电池中的直流电转换为交流电，此时逆变器的输入改由电池组来供应，逆变器持续提供电力，供给负载继续使用，达到不断电的功能。不断电系统的电力来源是电池,而电池的容量是有限的。该运行方式如图 11-8 所示。

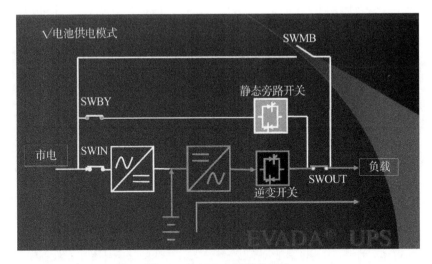

图 11-8　UPS 电池供电模式

(3) 旁路运行方式

当在线式 UPS 超载,旁路命令(手动或自动),逆变器过热或机器故障,UPS 一般将逆变输出转为旁路输出,即由交流电直接供电。该方式一般运用在中大功率 UPS 上。如果在过载时,必须人为减少负载,否则旁路断路器会自动切断输出。该运行方式如图 11-9 所示。

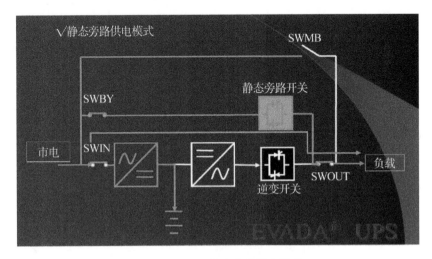

图 11-9　UPS 静态旁路供电模式

（4）旁路维护方式

当 UPS 进行检修时,通过手动旁路保证负载设备的正常供电,当维修操作完成后,重新启动 UPS,UPS 转为正常运行。该运行方式如图 11-10 所示。

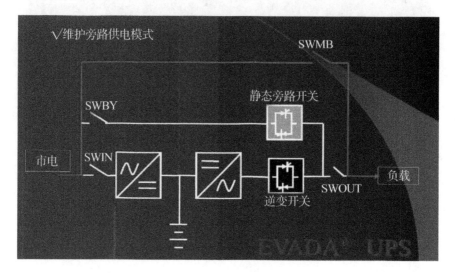

图 11-10　UPS 维护旁路供电模式

6. 集中监控器

集中监控器可实现以下功能:交流配电检测、直流配电检测、绝缘检测、充电模块检测、电池管理、均充及浮充控制等,并与计算机监控系统相连。

7. 微机绝缘检测仪

通过对比正负电流差的大小判断,绝缘监测仪检测正负直流母线的对地电压和绝缘电阻,当正、负直流母线的对地绝缘电阻低于设定的报警值则自动启动支路巡检功能。

8. 电池巡检仪

百色那比水力发电厂蓄电池的巡检仪共 10 台,规格是 BATM308.2 VDC110 V/220 V。电池巡检仪能在线检测每一只蓄电池的电压和内阻,可准确定位故障电池的编号且给出明显的告警标志。同时还可与微机集中监控器进行通信,从而获得完整的充放电曲线。

9. 直流系统的主要作用

百色那比水力发电厂直流系统主要作为全厂断路器储能电机电源,是断路器及隔离开关、接地开关等的控制源,也是监控系统、励磁系统、调速器系统、继电保护、制动装置等重要系统、装置的电源,还是回路控制电源。

11.3　设备技术参数

1. 充电机模块(表 11-1)

表 11-1　充电机模块参数表

项目名称	参数内容
制造厂	深圳奥特迅电力设备有限公司
产品型号	ATC230M 220Ⅲ
数　量	5 只
交流输入电压	三相四线,380 V±20%,50 Hz±10%
输出电压可调范围	180～320 V
交流输入电流	≤10.5 A
额定输出电流	10 A
稳压精度	≤±0.5%
稳流精度	≤±0.5%
纹波系数	≤±0.1%
噪　音	≤ 45 dB
效　率	≥95%

2. 蓄电池(表 11-2)

表 11-2　蓄电池参数表

项目名称	参数内容
制造厂	双登集团股份有限公司/江苏理士电池有限公司
产品型号	GFM - 300
蓄电池型式	阀控式密封铅酸蓄电池
容　量	300AH/DJ300
工作环境	10～30℃
单节电池额定电压	2 V
浮充电压	$10^3 \times 2.23$ V/2.25 V
均充电压	$10^3 \times 2.30$ V/2.35 V

续表

项目名称	参数内容
单节电池放电终止电压	1.80 V
气密性	阀控式密闭蓄电池
过充电寿命	超出均充电压后,寿命随电压的增高而缩短

3. 微机集中监控器(表 11-3)

表 11-3 微机集中监控器参数表

项目名称	参数内容
制造厂	深圳奥特迅电力设备有限公司
产品型号	JKQ-3000B DC100 V/220 V
屏幕显示方式	大屏幕液晶汉字显示
报警方式	声光报警
通信方式	与电站计算机监控系统通信
通信接口	RS485
特殊功能	具有交流监测、直流监测、绝缘监测、充电模块监控、电池管理、历史记录等功能

11.4 运行方式及操作

直流系统正常运行方式为单母线分段运行。

(1) 第一组直流电源充电模块装置通过 13ZK 到 11ZK 向第一组蓄电池浮充电,同时通过 13ZK 到 14ZK 向 Ⅰ 段母线供电;第一组直流电源充电模块装置电源取自全厂公用电系统 400 V Ⅰ 段 42CY100QS 供电开关。

(2) 第二组直流电源充电模块装置通过 23ZK 到 21ZK 向第二组蓄电池浮充电,同时通过 23ZK 到 24ZK 向 Ⅱ 段母线供电;第二组直流电源充电模块装置电源取自全厂公用电系统 400 V Ⅱ 段 42GY502QF 供电开关。

当第一组蓄电池需退出运行进行检修时,先切换 13ZK 使第一组直流电源充电模块装置直接向 Ⅰ 段母线供电,然后切换 ZK 使第二组直流电源充电模块装置通过 Ⅱ 段母线向 Ⅰ 段母线供电,同时对第二组蓄电池进行浮充,再切换 13ZK 使第一组直流电源充电模块装置向第一组蓄电池进行均充等维护,整个切换过程不会造成停电。Ⅱ 段母线操作方式与 Ⅰ 段母线相同。

(3) 当 UPS 进行检修时,通过手动旁路保证负载设备的正常供电,当维修操作完成后,重新启动 UPS,UPS 转为正常运行。

11.5 常见故障处理

直流系统故障处理步骤如下:

(1) 在微机绝缘监测仪的主屏中按"故障"功能键查看系统的故障信息。根据所显示的故障信息确定故障母线或支路。

(2) 检查可疑处和有人工作的地方。

(3) 瞬时拉合直流各馈线分路开关。

(4) 若接地处在重要负荷馈线上,仍允许投入运行,但应立即通知检修人员进行处理。故障信息显示故障支路号,可立即通知检修人员进行查处接地点,若需短时直接断开接地支路处理且将使运行设备失去继电保护的应经总工同意方可进行,但宜尽可能在设备处于停用状态时进行。对断开直流电源会引起保护误动的应先做好安全措施。拉路查找法应按照先次要用户后重要用户、先室外后室内、先潮湿地点后干燥地点的次序查找,在试拉由 PLC 控制的设备的直流负荷开关后,应注意复归 PLC。

(5) 如接地不在负荷侧,检查直流母线是否接地。如正、负母线对地电阻低于 25 kΩ,则母线接地,应隔离该母线,该母线负荷倒至另一段。

(6) 接地点找到后,应予隔离,由检修人员抓紧处理;防止直流两点接地引起保护拒动或误动、控制系统误动。

(7) 检查结束后复归绝缘检测仪报警信号。

第 12 章 ●
起重机械系统

12.1　概述

1. 起重设备的类型

大坝双向门机、尾水台车、主厂房桥机。

2. 起重设备的基本工作参数

大坝双向门机大车运行机构额定启门力 2×630 kN,小车运行机构额定启门力 $2\times2\,500$ kN,尾水台车启门力 2×125 kN;主厂房桥机主钩起重量 75 t,副钩起重量 20 t。

3. 百色那比水力发电厂起重设备的技术参数(表 12-1～表 12-3)

表 12-1　大坝双向门机主要参数表

项目	大车运行机构	小车运行机构
额定启门力	2×630 kN	$2\times2\,500$ kN
运行载荷	400 kN	400 kN
运行速度	6.0 m/min	20 m/min
起升速度	2.0 m/min	2.0 m/min
车轮直径	710 mm	630 mm
车轮数量	4	8
工作级别	Q2-轻	Q2-轻
卷筒直径	1 000 mm	600 mm

续表

项目		大车运行机构	小车运行机构
工作级别		Q3-中	Q3-中
车轮数量		4	8
轨距		7.5 m	8.0 m
基距		3.2 mm	12 mm
最大轮压		515 kN	475 kN
轨道型号		QU80	QU80
电动机型号		YSE132M2-6	YZRE16
电动机功率		5.5(JC=40%)kW	0 L-62×11 kW
电动机转速		800 r/min	945 r/min
减速机型号		ZSYD280-315	QSC25-100
减速机速比		315	100
钢丝绳	型号	28ZA6×19W+IWR1670ZS	28ZA6×19W+IWR1670ZS
	支数	2×2×4	2×2×2
	最大拉力	78.8 kN	62.5 kN
电动机	型号	YZR225M-8	YZR225M-8
	功率	26×2 kW	26×2 kW
	转速	708 r/min	708 r/min
减速机	型号	QJRS-D450	QJRS-D450
	速比	63	63
制动器	型号	YWZ5-315/80	YWZ5-315/50
	制动力矩	630-1 000 N·m	400-630 N·m

表 12-2　尾水台车主要参数表

起升机构		行走机构	
启门力	2×125 kN	运行荷载	2×80 kN
起升速度	2.0 m/min	运行速度	9.3 m/min
扬程	15 m	轨距	2.5 m
卷筒直径	500 mm	轮距	5.6 m
钢丝绳	6×19-20-1 500-镀锌	工作级别	Q3-中

续表

		起升机构			行走机构	
电动机	型号	YZ160L28	轮压与轨道	轮压	见分布图	
	功率	11 kW		车轮直径	400 mm	
	转速	675 r/min		车轮总数	4	
	接电持续率	25%		主动轮数	2	
制动器	型号	YWZ3B-300/25	轨道型号		P43	
	制动力矩	180~225N·m	减速器		QSC-10-114	
减速器		QJRS-D280-40	电动机	型号	YZRE132M1-6	
开式齿轮		$m=10, i=87/17=5.12$		功率	2.2 kW	
滑轮倍数		2		转速	840 r/min	
工作级别		Q2-轻		数量	2个	
电源		380 V				

表 12-3 主厂房桥机主要参数表

GDSQ75/20 t-13.5 m 桥式起重机技术性能表

技术参数		起升机构		技术参数		运行机构	
		主钩	副钩			大车	小车
起重量		75 t	20 t	跨度或轨距		13 500 mm	3 200 mm
起升速度		0.1~1.03%	5.6 m/s	运行速度		3~30变频调速	2~12变频调速
起升高度		18 m	20 m	基距/轮距		3 200 mm	3 260 mm
工作级别		M4	M4	工作级别		M5	M5
电源		380 V 50 Hz					
钢丝绳	结构型号	26ZAB6×36SW+FC177OZS 39516ZAB6×36SW+FC177OZS	26ZAB6×36SW+FC177OZS 39516ZAB6×36SW+FC177OZS	缓冲行程		100 mm	80 mm
	支数	12	8	路轨		QU80	P50
卷筒		ϕ920 mm	ϕ500 mm	车路直径		8×ϕ550 mm	4×ϕ500 mm
电动机	型号	YZPBF 225M-8	YZPBF 225M-8	电动机	型号	YZPBE(F) 132M1-6	YZPB(F) 160M1-6
	功率	22 kW	22 kW		功率	4×3.0 kW	5.5 kW
	转速	725 r/min	715 r/min		转速	960 r/min	965 r/min

GDSQ75/20 t - 13.5 m 桥式起重机技术性能表

技术参数		起升机构		技术参数		运行机构	
		主钩	副钩			大车	小车
减速器	型号	QJRS - D - 335	QJRS - D - 335	减速器	型号	QSC12	ZSC750
	速比	63	50		速比	56	133.87
制动器	型号	YWZ2 - 300/50	YWZ2 - 300/50	制动器	型号	YWZ - 300/50	YWZ5 - 200/30
	制动力矩	315~630 N·m	315~630 N·m		制动力矩	630 N·m	180~315 N·m
开式齿轮对		91/17M＝14		轮压		280 kN	

12.2 结构及原理

1. 起重设备的动作原理

起重设备是指在一定范围内垂直提升和水平搬运重物的多动作起重机械。其工作原理是通过对控制系统的操纵,驱动装置将动力的能量输入,转变为机械能,再传递给取物装置。取物装置将被搬运物体与起重机联系起来,通过工作机构单独或组合运动,完成物体搬运任务。可移动金属结构将各组成部分连接成一个整体,并承载起重设备的自重和吊重。

2. 动作过程

起重设备的工作过程一般包括起升、运行、下降及返回原位等步骤。起升机构通过取物装置从取物地点把重物提起,经运行、回转或变幅机构把重物移位,在指定地点下放重物后返回到原位。

3. 注意事项

(1) 不得利用极限位置限制器停车。

(2) 不得在有载荷的情况下调整起升、变幅机构的制动器。

(3) 吊运时,不得从人的上空通过,吊臂下不得有人。

(4) 起重机工作时不得进行检查和维修。

(5) 所吊重物接近或达到额定起重能力时,吊运前应检查制动器,并用小高度、短行程试吊后,再平稳地吊运。

(6) 无下降极限位置限制器的起重机,吊钩在最低工作位置时,卷筒上的钢丝绳必须保持设计规定的安全圈数。

(7) 起重机工作时,臂架、吊具、辅具、钢丝绳、缆风绳及重物等与输电线的最小距离符合最低规范要求。

（8）对无反接制动性能的起重机,除特殊紧急情况外,不得利用打反车进行制动。

12.3　运行规定及操作

1. 起重设备投运前的检查

司机接班时,应对制动器、吊钩、钢丝绳和安全装置进行检查。发现性能异常时,应在操作前排除。

2. 起重设备运行步骤

（1）开车前,必须鸣铃或报警。操作中接近人时,亦应给予断续铃声或报警。

（2）操作应按指挥信号进行。对紧急停车信号,不论何人发出,都应立即执行。

（3）当起重机上或其周围确认无人时,才可以闭合主电源。如电源断路装置上加锁或有标牌时,应由有关人员除掉后才可闭合主电源。

（4）闭合主电源前,应使所有的控制器手柄转回零位。

（5）工作中突然断电时,应将所有的控制器手柄扳回零位;在重新工作前,应检查起重机动作是否都正常。

（6）在轨道上露天作业的起重机,当工作结束时,应将起重机锚定住;当风力大于6级时,一般应停止工作,并将起重机锚定住。

（7）司机进行维护保养时,应切断主电源并挂上标牌或加锁。如有未消除的故障,应通知接班司机。

3. 运行时注意避免事项

（1）超载或物体重量不清。如吊拔起重量或拉力不清的埋置物体及斜拉、斜吊等。

（2）结构或零部件有影响安全工作的缺陷或损伤。如制动器、安全装置失灵,吊钩螺母防松装置损坏,钢丝绳损伤达到报废标准等。

（3）捆绑、吊挂不牢或不平衡而可能滑动、重物棱角处与钢丝绳之间未加衬垫等。

（4）被吊物体上有人或浮置物。

12.4　典型故障处理

1. 限位故障

在使用起重限位器时,一些用户偶尔会遇到设备突然失效,启动之后显示器不显示的情况。此时,可以检查电源线是否断开,是否有电源输入。同时,这也可能是由稳压电源故障或保险丝烧坏引起的。通过仔细检查并重新连接电源,可以成功解决此问题。

2. 电源故障

(1) 断电原因

①大车工作时产生的振动使滑铁与导轨结合不牢,供电出现问题,从而造成主接触器的主触点及常开辅助触点同时断开,主接触器线圈自锁失效而导致断电。

②滑铁局部接触不良,导致起重机行至滑轨某段时瞬时缺相,如果所缺的那一相碰巧是接控制线路的,就会使主接触器的线圈断电、自锁失效,即使该设备因惯性滑过接触不良处后重新得电,主接触器线圈也无法自行吸合,必须重新按启动按钮。

③起吊重物时产生的振动使主接触器吸合不牢,主触点及常开辅助触点同时因振动而断开,主接触器线圈自锁失效而断电。

(2) 断电处理措施

①起重机控制线路从三相 380 V 电源经过开关 QS 接入,从三相电源中取出两相作为控制线路的电源,给主接触器线圈 KM 供电,控制线路依次串入过流常闭触点 KI、KI1、KI2、KI3,对各个电机进行过载保护。

②串入零位起动保护触点 Q1、Q2、Q3 进行零位起动保护。

③串入安全保护开关 SA 用于意外情况下的紧急停车。

④串入 3 个限位开关 SQ1、SQ2、SQ3 用于连锁保护。

⑤按钮 SB 用于启动,主接触器的 2 个常开辅助触点 KM 完成主接触器的自锁。

⑥下面的几组极限位置限位开关和各凸轮控制器相应的 2 对触点配合工作,完成起重机的限位。

日常使用起重机时,若发现其出现断电现象,应给予重视,及时排除故障,使其恢复正常,这样才能确保该设备能够发挥理想的使用效果。

3. 超荷载故障

首先要看报警时显示器边上的灯,如果是红色大钩标志灯亮则是前方信号问题,须检查测长线是否有破损、是否有断线后重接的情况。再检查大臂头上黑色限位开关是否完好,一般都是前方信号报警。起重机上面的超载限制器的正确调试方法是达到额定起重量90%的时候蜂鸣报警,达到或超过额定起重量的时候自动断电,只允许往下落,而不能进行起钩操作。

责任编辑　龚　俊
封面设计　徐娟娟

那比水力发电厂
运行管理培训教材

ISBN 978-7-5630-8827-0

9 787563 088270 >

定价：80.00元